中等职业教育"十二五"规划教材

中职中专电子技术应用专业系列教材

电机与电力拖动项目教程

叶云汉　主编

孙长坚　陈锦珠　副主编

科学出版社

北　京

内 容 简 介

本书结合中等职业教育改革的实际,以项目为单元,以实用为目的,注重学生实际动手能力的培养。主要介绍了电机的基本结构、工作原理;常用低压电器的结构、拆装与维修;电动机的基本控制电路及其安装、调试与维修;常用生产机械的电气控制及其安装、调试与维修;可编程控制器的基本运用。

本书可作为中等职业学校电工类、机电类学生的教材,也可作为职工培训教材或自学用书。

图书在版编目(CIP)数据

电机与电力拖动项目教程/叶云汉主编. —北京:科学出版社,2008
(中等职业教育"十二五"规划教材·中职中专电子技术应用专业系列教材)
ISBN 978-7-03-022678-5

Ⅰ.电… Ⅱ.叶… Ⅲ.①电机学-专业学校-教材②电力传动-专业学校-教材 Ⅳ.TM3 TM921

中国版本图书馆 CIP 数据核字(2008)第 117255 号

责任编辑:陈砺川 苑文环/责任校对:赵 燕
责任印制:吕春珉/封面设计:耕者设计工作室

科学出版社 出版
北京东黄城根北街16号
邮政编码:100717
http://www.sciencep.com

双青印刷厂 印刷
科学出版社发行 各地新华书店经销

*

2008年 9 月第 一 版 开本:787×1092 1/16
2016年11月第十次印刷 印张:16 3/4
字数:378 000
定价:**33.00元**
(如有印装质量问题,我社负责调换〈双青〉)
销售部电话 010-62134988 编辑部电话 010-62135763-8020

中职中专电子技术应用专业系列教材

编　委　会

前　言

科学技术发展日新月异，知识经济方兴未艾。人才的培养已成为国力竞争的基础和保障。这种新的时代特征对职业教育改革提出了新的要求。《国务院关于大力推进职业教育改革与发展的决定》明确提出，职业教育应"坚持以就业为导向，深化职业教育教学改革"。与此相适应，对从职业岗位要求出发，以职业能力和技能培养为核心，涵盖新工艺、新方法、新技术的专业教材的需求日趋迫切。

本教材与传统的同类教材相比，在内容组织与结构编排上都做了较大的改革与尝试，特点有三：

一是重实用原则。重视知识内容的实用性，内容安排以实用、够用为原则；以层次性、规范性、职业性为特点，便于学生和电工学习。

二是重能力原则。侧重于操作能力方面的训练。

三是新颖性。在总体结构设计上与众不同，引入项目式教学，将电机、电力拖动相关知识通过八个项目有机地贯穿并结合在一起，并将项目再细分成几个小任务，使学生在完成各个任务的过程中学到并消化必备的专业知识，使学生在短期内快速掌握操作技能，并能达到技能考核鉴定的要求。

学习本教材建议采用 238 课时，学时分配方案可参考下表。

学时分配方案表

序号	理论课时	实践课时	序号	理论课时	实践课时
项目一	12	6	项目五	36	26
项目二	8		项目六	6	24
项目三	12		项目七	18	26
项目四	30	10	项目八	14	10
合计课时			238		

本书由叶云汉任主编，孙长坚、陈锦珠为副主编，吴钟奎、朱洲锋、卢小明参与编写。浙江万里学院陈伟东主审。

由于编者水平有限，书中难免有疏漏和不妥之处，敬请广大读者批评指正。

编者
2008 年 6 月

目 录

目 录

项目一

三相异步电动机

交流电动机分为同步电动机和异步电动机。异步电动机是现代化生产中应用最广泛的一种动力机械。它将电能转换成机械能。例如，在工业方面被广泛应用于拖动各种机床、小型轧钢设备、起重机、鼓风机等；农业方面被用来拖动水泵和其他农副产品加工机械；它在日常生活中也愈来愈占有重要地位，例如，电扇、冷冻机和各种医疗器械也都采用异步电动机。

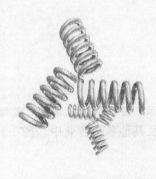

知识目标

- 熟悉三相异步电动机的结构。
- 了解交流绕组的基本知识。
- 理解三相异步电动机的工作原理。
- 了解三相异步电动机的分类。

技能目标

- 能拆装三相异步电动机。
- 掌握三相异步电动机正/反转的接线方法。
- 掌握三相异步电动机的选用。

任务一　三相异步电动机的结构

 任务目标

- 掌握三相异步电动机的结构组成。
- 明确三相异步电动机各组成部分的作用。
- 掌握定子绕组的两种接法。
- 掌握拆装三相异步电动机的操作技术要点。

任务教学方式

教学步骤	时间安排	教学方式
阅读教材	课余	自学、查资料、相互讨论
知识讲解	3课时	重点讲授三相异步电动机的结构组成
操作技能	2课时	实物拆装与维护，学生训练和教师指导相结合

 **读一读**

知识　三相异步电动机的基本结构

三相异步电动机主要用于提供动力，以驱动无特殊要求的各种机械设备，广泛地应用于机械、冶金、石油、煤炭、化学、航空、交通、农业及其他各行各业中。图1-1所示为一台普通的三相异步电动机。

图1-1　三相异步电动机

三相异步电动机的种类很多，但各类三相异步电动机的基本结构是相同的，它们都由定子和转子这两大基本部分组成，在定子和转子之间具有一定的气隙。此外，还有端盖、轴承、接线盒、吊环等其他附件，如图1-2所示。

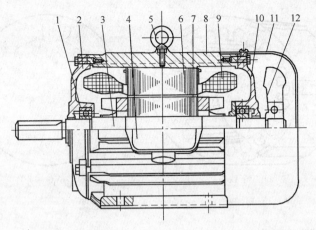

图 1-2　封闭式三相笼型异步电动机的结构图
1—轴承；2—前端盖；3—转轴；4—接线盒；5—吊环；6—定子铁心；7—转子；
8—机座；9—定子绕组；10—后端盖；11—风罩；12—风扇

1. 定子部分

定子是用来产生旋转磁场的。三相异步电动机的定子一般由外壳、定子铁心、定子绕组等部分组成。

（1）外壳

三相异步电动机外壳包括机座、端盖、轴承盖、接线盒及吊环等部件。

1）机座。由铸铁或铸钢浇铸成型，它的作用是保护和固定三相异步电动机的定子绕组。中、小型三相异步电动机的机座还有两个端盖支承着转子，它是三相异步电动机机械结构的重要组成部分。通常，机座的外表要求散热性能好，所以一般都铸有散热筋。

2）端盖。由铸铁或铸钢浇铸成型，它的作用是把转子固定在定子内腔中心，使转子能够在定子中均匀地旋转。

3）轴承盖。是用铸铁或铸钢浇铸成型的，它的作用是固定转子，使转子不能轴向移动，另外还起到存放润滑油和保护轴承的作用。

4）接线盒。一般是用铸铁浇铸的，其作用是保护和固定绕组的引出线端子。

5）吊环。一般是用铸钢制造的，安装在机座的上端，用来起吊、搬抬电动机。

（2）定子铁心

三相异步电动机的定子铁心是电动机磁路的一部分，由 0.35～0.5mm 厚表面涂有绝缘漆的薄硅钢片叠压而成，如图 1-3 所示。由于硅钢片较薄而且片与片之间是绝缘的，所以减少了由于交变磁通通过而引起的铁心涡流损耗。铁心内圆有均匀分布的槽口，用来嵌放定子绕组。

（3）定子绕组

定子绕组是三相异步电动机的电路部分，三相异步电动机有三相绕组，通入三相对称电流时，就会产生旋转磁场。三相绕组由 3 个彼此独立的绕组组成，且每个绕组又由

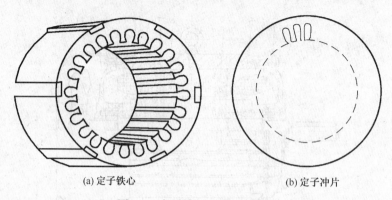

(a) 定子铁心　　　　　　　　(b) 定子冲片

图 1-3　定子铁心及冲片示意图

若干线圈连接而成。每个绕组即为一相，每个绕组在空间上相差 120°电角度。线圈由绝缘铜导线或绝缘铝导线绕制。中、小型三相异步电动机多采用圆漆包铜线，大、中型三相异步电动机的定子线圈则用较大截面的绝缘扁铜线或扁铝线绕制后，再按一定规律嵌入定子铁心槽内。定子三相绕组的 6 个出线端都引至接线盒上，首端分别标为 U1、V1、W1，末端分别标为 U2、V2、W2。这 6 个出线端在接线盒里的排列如图 1-4 所示，可以接成星形或三角形两种接法。

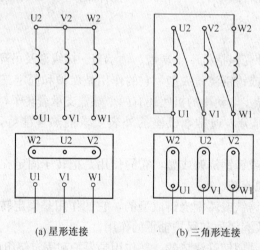

(a) 星形连接　　　　　　　(b) 三角形连接

图 1-4　定子绕组的连接

2. 转子部分

(1) 转子铁心

转子铁心由 0.5mm 厚的硅钢片叠压而成，套在转轴上，作用和定子铁心相同，一方面作为电动机磁路的一部分，一方面用来安放转子绕组。

(2) 转子绕组

三相异步电动机的转子绕组分为绕线型与笼型两种，由此分为绕线转子异步电动机与笼型异步电动机。

1）绕线型绕组。与定子绕组一样也是一个三相绕组，一般接成星形，三相引出线分别接到转轴上的 3 个与转轴绝缘的集电环上，通过电刷装置与外电路相连，可以在转子电路中串接电阻以改善电动机的运行性能，如图 1-5 所示。

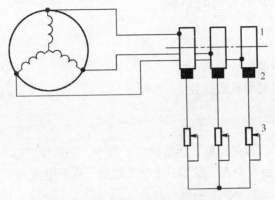

图 1-5　绕线型转子与外加变阻器的连接
1—集电环；2—电刷；3—变阻器

2）笼型绕组。在转子铁心的每一个槽中插入一根铜条，在铜条两端各用一个铜环（称为端环）把导条连接起来，称为铜排转子，如图 1-6（a）所示。也可用铸铝的方法，把转子导条和端环风扇叶片用铝液一次浇铸而成，称为铸铝转子，如图 1-6（b）所示。100kW 以下的三相异步电动机一般采用铸铝转子。

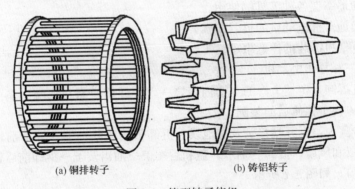

(a) 铜排转子　　　　(b) 铸铝转子

图 1-6　笼型转子绕组

3. 其他部分

其他部分包括端盖、风扇等。端盖除了起防护作用外，在端盖上还装有轴承，用以支撑转子转轴。风扇则用来通风冷却电动机。三相异步电动机的定子与转子之间的空气隙，一般仅为 0.2～1.5mm。气隙太大，电动机运行时的功率因数降低；气隙太小，使装配困难，运行不可靠，高次谐波磁场增强，从而使附加损耗增加及使启动性能变差。

实训　三相交流异步电动机的拆装

1. 实训目的

1）熟悉三相异步电动机的结构。
2）学会三相异步电动机的拆装。

2. 实训所需器材

1）工具：尖嘴钳、螺钉旋具、活络扳手、镊子、三爪拉具等。
2）仪表：MF47 型万用表、ZC25B-3 型兆欧表、钳形电流表。
3）器材：y 系列三相异步电动机一台。

3. 实训内容

1）常用工具的认识和使用。
2）电动机的拆装。

4. 实训步骤及工艺要求

1）能正确地掌握各种工具的使用。
2）能正确地掌握电动机的拆装步骤。
3）了解电动机拆装的注意事项。

（1）拆卸三相异步电动机

1）电动机拆卸是定期大修的主要内容之一。拆卸前，需在线端、端盖、联轴器等处作好标记，以便于检修后的装配。

2）拆卸步骤为：拆开端接头及接地线→拆卸带轮或联轴器→卸下前轴承外盖、前端盖→拆卸风罩和风扇→拆卸后轴承外盖和后端盖→抽出转子→拆卸前后轴承→最后卸下前后轴承内盖，如图 1-7 所示。

3）皮带轮或联轴器的拆卸。拆卸前，先在皮带轮或联轴器的轴伸端作好定位标记，用专用拉具将皮带轮或联轴器慢慢拉出。拉时要注意皮带轮或联轴器受力情况，务必使合力沿轴线方向，拉具顶端不得损坏转子轴端中心孔。

4）拆卸端盖、抽出转子。拆卸前，先在机壳与端盖的接缝处（即止口处）作好标记以便复位。均匀拆除轴承盖及端盖螺栓，拿下轴承盖，再用两个螺栓旋于端盖上两个顶丝孔中，两螺栓均匀用力向里转（较大端盖要用吊绳将端盖先挂上）将端盖拿下。（无顶丝孔时，可用铜棒对称敲打，卸下端盖，但要避免过重敲击，以免损坏端盖。）对于小型电动机抽出转子是靠人工进行的，为防手滑或用力不均碰伤绕组，应用纸板垫在绕组端部进行。

5）轴承的拆卸、清洗。拆卸轴承应先用适宜的专用拉具。拉力应着力于轴承内圈，

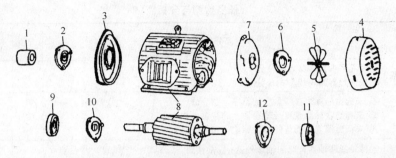

图 1-7 拆卸步骤（按数字顺序）

1—带轮；2—前轴承外盖；3—前端盖；4—风罩；5—风扇；6—后轴承外盖；7—后端盖；
8—转子；9—前轴承；10—前轴承内盖；11—后轴承；12—后轴承内盖

不能拉外圈，拉具顶端不得损坏转子轴端中心孔（可加些润滑油脂）。在轴承拆卸前，应将轴承用清洗剂清洗干净，检查它是否损坏，有无必要更换。

（2）装配三相异步电动机

1）用压缩空气吹净电动机内部的灰尘，检查各部零件的完整性，清洗油污等。

2）装配三相异步电动机的步骤与拆卸相反。装配前要检查定子内是否有污物，锈斑是否清除，止口有无损伤，装配时应将各部件按标记复位，并检查轴承盖配合是否合适。

3）轴承装配可采用热套法和冷装配法。

（3）注意事项

1）拆移电动机后，电动机底座垫片要按原位摆放固定好。

2）拆、装转子时，一定要遵守有关规定的要求，不得损伤绕组，拆前、装后均应测试绕组绝缘及绕组通路。

3）拆、装时不能用手锤直接敲击零件，应垫铜、铝棒或硬木，对称敲。

4）装端盖前应用粗铜丝，从轴承装配孔伸入钩住内轴承盖，以便于装配外轴承盖。

5）用热套法装轴承时，只要温度超过 100℃，应停止加热，工作现场应放置灭火器。

6）清洗电动机及轴承的清洗剂（汽油、煤油）不准随便乱倒，必须倒入污水井。

7）检修场地需扫扫干净。

电动机拆卸的注意事项有哪些？

1）怎样拆卸三相异步电动机？

2）怎样组装三相异步电动机？

评一评

请对自己完成任务的情况进行评估，并填写下表。

任务检测与分析

检测项目	评分标准	分值	学生自评	教师评估
拆卸前的准备	①未准备拆卸工具，扣2分 ②未清理拆卸现场，扣5分	10		
做好标记	① 未标出电源线在线盒中的相序，扣5分 ② 未标出联轴器或皮带轮在轴上的位置，扣5分 ③ 未标出端盖轴盖的位置标记，扣5分	10		
拆卸步骤	①带轮或联轴器；②前轴承外盖；③前端盖；④风罩；⑤风扇；⑥后轴承外盖；⑦后端盖；⑧转子；⑨前轴承；⑩前轴承内盖；⑪后轴承；⑫后轴承内盖	40		
装配步骤	与拆卸相反	40		
安全文明生产	违反安全文明生产规程，扣5～40分			
定额时间60min	每超时5min，扣5分			
备注	除定额时间外，各项目的最高扣分不应超过配分			
开始时间	结束时间			实际时间

任务二　交流电动机的绕组

- 了解交流绕组的构成原则。
- 掌握交流绕组的常用术语。
- 掌握单程绕组的主要类别。
- 掌握双层绕组的主要类别。

任务教学方式

教学步骤	时间安排	教学方式
阅读教材	课余	自学、查资料、相互讨论
知识讲解	3课时	重点讲授交流绕组的基本知识和主要类别

知识1　交流绕组的基本知识

1. 交流绕组的构成原则

三相异步电动机与三相同步电动机内部有一个相同构件，就是三相对称交流绕组，它是电动机实现能量转换及传递的关键部分。虽然交流绕组有各种形式，但其构成原则却基本相同,具体的要求如下。

1)绕组的合成电动势和合成磁动势要接近于正弦波,幅值要大。

2)对三相绕组,各相的电动势和磁动势要对称(大小相等、相位互差120°电角度),电阻、电抗要相等。

3)绕组的铜耗要小,用铜量要节省。

4)绝缘要可靠,机械强度要高,散热条件要好,制造要方便。

2. 交流绕组的分类

交流绕组可按相数、绕组层数、每极下每相槽数和绕法来分类。从相数来看,交流绕组可分为单相和多相绕组;根据槽内层数,可分为单层和双层绕组;按每极下每相槽数可分为整数槽绕组和分数槽绕组;按绕法可分为叠绕组和波绕组。

3. 交流绕组的常用术语

1)线圈(绕组元件)。构成绕组的线圈称为绕组元件,由导线串联而成,分单匝和多匝两种,如图 1-8 所示。

2)线圈的首末端。每一个线圈有两个有效边,有两个引出端,分别称为首端(头)和末端(尾),如图 1-8 所示。

3)槽数 z。反映线圈边嵌入的圆周铁心槽的总数目。其中,用 z_1 表示定子铁心槽数,用 z_2 表示转子铁心槽数。

4)极距 τ。相邻两个主磁极轴线沿电枢表面之间的距离,表示为

$$\tau = \frac{\pi D}{2p}$$

也可用槽数表示,即

$$\tau = \frac{z_1}{2p}$$

5)节距 y。一个元件的两条有效边在电枢表面跨过的距离(槽数)。$y < \tau$ 时,线圈称为短距线圈;$y = \tau$ 时,线圈称为整距线圈;$y > \tau$ 时,线圈称为长距线圈。

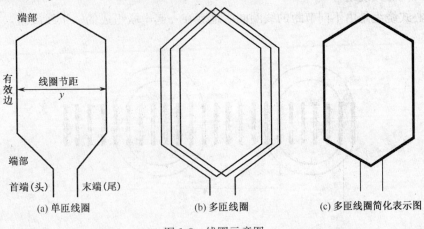

图 1-8 线圈示意图

6）电角度。一个铁心圆周对应的几何角度为360°，这样划分的角度又称为360°机械角度。从磁场观点来看，转子每转一周，一对磁极对应于一个交变周期。如果把一对磁极所对应的机械角度定为360°电气角度（电角度），当电动机为 p 对磁极时，则

$$电角度 = p \times 机械角度$$

7）极相组。一个磁极下属同一相的线圈串联成的线圈组。

知识2 交流绕组的分类

1. 单层绕组

单层绕组是指铁心每个槽内只嵌放一个线圈元件边的绕组，整个绕组的线圈数等于总槽数的一半，如图1-9所示。单层绕组嵌线方便、工艺简单，无层间绝缘，不存在层间击穿，槽利用率高（即槽内铜填充系数高），有利于嵌线自动化。缺点是不易采用短距绕组来改善磁势波形，故磁势和电动势波形较双层短矩绕组差，导致损耗及噪声较大，启动性能不良。

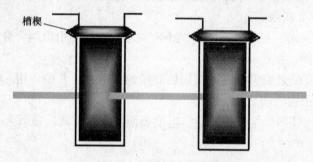

图1-9 单层绕组示意图

另外，由于单层绕组端部交叠变形较大，所以只能用于功率较小（10kW 以下）的三相异步电动机中。

按照线圈的形状和端部连接方法的不同，单层绕组又分为链式、同心式、交叉式等。

（1）同心式绕组

同心式绕组是由不同节距的线圈同心地套在一起串联组成的一个线圈组，如图1-10所示。

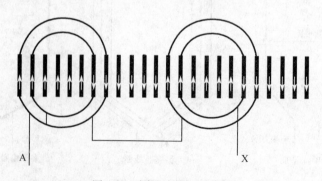

图1-10 同心式绕组示意图

（2）链式绕组

链式绕组的线圈具有相同的节距，就整个绕组外形来看，一环套一环，形如长链，故称链式绕组，如图1-11所示。线圈组间采用显极接法。

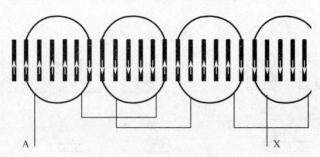

图1-11 链式绕组示意图

（3）交叉式绕组

交叉式绕组实质是同心式绕组和链式绕组的综合，如图1-12所示。

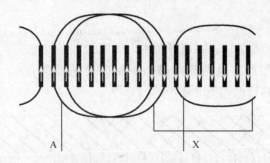

图1-12 交叉式绕组示意图

2. 双层绕组

双层绕组的特点是每个槽内有上、下两个线圈边，线圈的一边嵌在某一槽的下层，另一边则嵌在相隔 y_1 槽的上层，整个绕组的线圈数正好等于槽数，如图1-13所示。

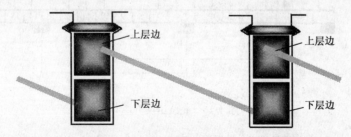

图1-13 双层绕组示意图

双层绕组的优点是能够灵活地选择节距，配合分布嵌放，改善了磁势、电动势的波形，让其更接近正弦波，从而改善了电动机启动性能和运行性能。同时双层绕组的线圈形状、几何尺寸相同，便于绕制，且端部排列整齐。另外，双层绕组还能够组成较多的并联支路，在中、大容量的交流电动机（10kW 以上）中得到广泛应用。

目前，常用的双层绕组有叠绕组和波绕组。叠绕组是指串联的两个线圈总是后一个线圈的端接部分紧叠在前一个线圈端接部分，整个绕组成折叠式前进，如图 1-14 所示。

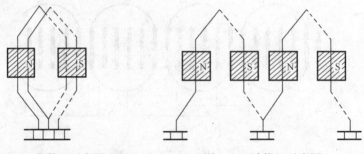

图 1-14　叠绕组示意图　　　　　　　图 1-15　波绕组示意图

波绕组是指把相隔约为一对极距的同极性磁场下的相应元件串联起来，像波浪式地前进，如图 1-15 所示。

（1）叠绕组

叠绕组相邻线圈相互叠压，在展开图中，线圈的上层圈边及所放的槽的上层位置用实线表示；线圈的下层圈边及所放的槽的下层位置用虚线表示。叠绕组的展开图如图 1-16 所示。叠绕组的特点如下所述。

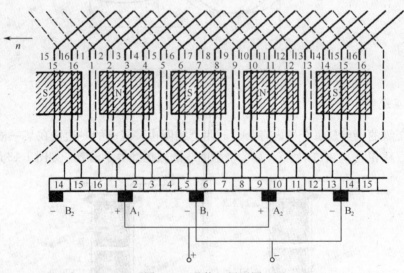

图 1-16　叠绕组展开图

1）同一主磁极下的元件串联成一条支路，主磁极数与支路数相同。

2）电刷数等于主磁极数，电刷位置应使感应电动势最大，电刷间电动势等于并联支路电动势。

3）电枢电流等于各支路电流之和。

（2）波绕组

波绕组与叠绕组比较，线圈形状和线圈连接不同。波绕组是先把所有上层边同极性下属于同一相的线圈串接成一组，再把所有上层边为另一极性下的仍属于该相的线圈，串接成另一组，最后将两组接成串联或并联，得出一相绕组。相连线圈外形如波浪形前进。波绕组的展开图如图1-17所示。波绕组的特点如下所述。

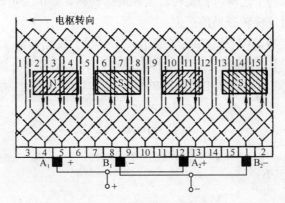

图1-17　波绕组展开图

1）同极下各元件串联起来组成一条支路，支路对数为1，与磁极对数无关。

2）当元件的几何形状对称时，电刷在换向器表面上的位置对准主磁极中心线，支路电动势最大。

3）电刷数等于磁极数。

4）电枢电动势等于支路感应电动势。

5）电枢电流等于两条支路电流之和。

任务三　三相异步电动机的基本工作原理

 任务目标

- 理解三相异步电动机的转动原理。
- 明确转差率的概念。
- 掌握三相异步电动机的转速公式和调速方法。
- 掌握使三相异步电动机反转的接线方法。

 任务教学方式

教学步骤	时间安排	教学方式
阅读教材	课余	自学、查资料、相互讨论
知识讲解	4课时	重点讲授三相异步电动机的工作原理
操作技能	2课时	实物拆装与维护，学生训练和教师指导相结合

知识1　三相异步电动机旋转磁场的产生

三相异步电动机转子之所以会旋转、实现能量转换，是因为定转子间气隙内有一个旋转磁场。下面来讨论旋转磁场的产生。

U1U2、V1V2、W1W2 为三相定子绕组，在空间上彼此相隔 120°，接成 Y 形。三相绕组的首端 U1、V1、W1 接在三相对称电源上，有三相对称电流通过三相绕组。设电源的相序为 U—V—W，各相电流之间的相位差是 120°，以 i_U 为参考量，则有

$$i_U = I_m \sin\omega t$$
$$i_V = I_m \sin(\omega t - 120°)$$
$$i_W = I_m \sin(\omega t + 120°)$$

其波形图如图 1-18 所示。

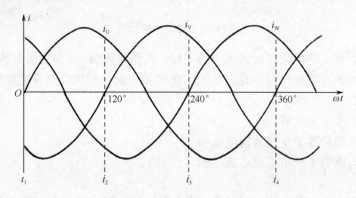

图 1-18　三相交流电流波形图

正弦电流流过三相绕组，根据电流的磁效应可知，每个绕组都要产生一个按正弦规律变化的磁场。为了确定某一瞬时绕组中的电流方向及所产生的磁场方向，一般规定三相交流电为正半周时（电流为正值），电流由绕组的首端流向末端，图 1-19 中由首端流进纸面（用 "⊗" 表示），由末端流出纸面（用 "⊙" 表示）；反之电流则由末端流向首端。

1）如图 1-19(a) 所示，当 $t=t_1=0$ 时，$\omega t=0$，$i_U=0$，U 相绕组中因没有电流而不产生磁场；$i_V<0$，V 相绕组中的电流由末端 V2 流向首端 V1；$i_W>0$，W 相绕组中的电流由首端 W1 流向末端 W2。用右手螺旋定则可以确定磁场方向由右指向左（右边为 N 极，左边为 S 极）。

2）如图 1-19 (b) 所示，当 $t=t_2$，$\omega t=120°$，$i_U>0$，U 相绕组中的电流由首端 U1 流向末端 U2；$i_V=0$，V 相绕组中无电流；$i_W<0$，W 相绕组中的电流由末端 W2 流向首端 W1。与 $t=t_1=0$ 时比较，由右手螺旋定则确定的合成磁场方向在空间顺时针旋转了 120°。

3）如图 1-19(c) 所示，当 $t=t_3$ 时，$\omega t=240°$，用同样的方法分析可知，合成磁场

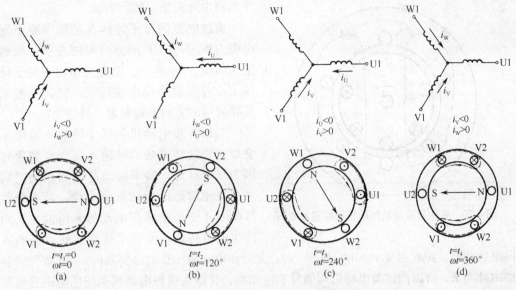

$t=t_1=0$
$\omega t=0$
(a)　　　$t=t_2$ $\omega t=120°$ (b)　　　$t=t_3$ $\omega t=240°$ (c)　　　$t=t_4$ $\omega t=360°$ (d)

图 1-19　不同瞬时时三相合成两极磁场

的方向又顺时针旋转了 120°。当 $t=t_4$ 时，$\omega t=360°$，合成磁场回到 $\omega t=0$ 的位置，在空间顺时针旋转了 360°，如图 1-19(d)所示。

由此可见，对称三相正弦电流 i_U、i_V、i_W 分别通入对称三相绕组时所形成的合成磁场，是一个随时间变化的旋转磁场。磁场有一对磁极，因此，又叫两极旋转磁场。当正弦电流的电角度变化 360°时，两极旋转磁场在空间上也正好旋转 360°，这样就形成了一个和正弦电流电角度同步变化的旋转磁场。

以上分析的是电动机产生一对磁极时的情况。当定子绕组连接形成的是两对磁极时，运用相同的方法可以分析出此时电流变化一个周期，磁场只转动了半圈，即转速减慢了一半。

由此类推，当旋转磁场具有 p 对极时（即磁极数为 $2p$），交流电每变化一个周期，其旋转磁场就在空间转动 $1/p$ 转。因此，三相异步电动机定子旋转磁场每分钟的转速 n_1、定子电流频率 f 及磁极对数 p 之间的关系为

$$n_1 = \frac{60f}{p}$$

式中，n_1 为旋转磁场的转速，单位为转每分，符号为 r/min。

知识2　三相异步电动机的转动原理

三相交流电通入定子绕组后，便形成了一个旋转磁场，其转速为 $n_1=\frac{60f}{p}$。旋转磁场的磁力线被转子导体切割，根据电磁感应原理，转子导体产生感应电动势。转子绕组是闭合的，则转子导体有电流流过。设旋转磁场按顺时针方向旋转，且某时刻上为北极 N，下为南极 S，如图 1-20 所示。由于定子产生的旋转磁场与转子绕组之间存在相对运动，根据右手定则，在上半部转子导体的电动势和电流方向由里向外，用 ⊙ 表示；在下

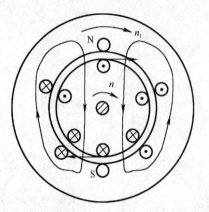

图 1-20　三相异步电动机的转动原理示意图

半部则由外向里，用⊗表示。

流过电流的转子导体在磁场中要受到电磁力作用，力 F 的方向可用左手定则确定，如图 1-20 所示。电磁力作用于转子导体上，对转轴形成电磁转矩，使转子按照旋转磁场的方向旋转起来，转速为 n。

三相异步电动机的转子转速 n 始终不会加速到旋转磁场的转速 n_1（同步转速）。因为只有这样，转子绕组与旋转磁场之间才会有相对运动而切割磁力线，转子绕组导体中才能产生感应电动势和电流，从而产生电磁转矩，使转子按照旋转磁场的方向继续旋转。由此可见 $n \neq n_1$，且 $n < n_1$，是异步电动机工作的必要条件，"异步"的名称由此而来。所以把这类电动机叫做异步电动机，又因为这种电动机是应用电磁感应原理制成的，所以也叫感应电动机。

知识 3　转差率、调速与反转

1. 转差率

异步电动机的旋转磁场转速 n_1（同步转速）与转子转速 n 之差，即 $n_1 - n$ 叫做转速差。转速差与同步转速之比称为异步电动机的转差率，用 s 表示为

$$s = \frac{n_1 - n}{n_1}$$

转差率是异步电动机的一个重要参数，一般用百分数表示，对分析和计算异步电动机的运行状态及其机械特性有着重要的意义。当异步电动机处于电动状态运行时，电磁转矩 T_{em} 和转速 n 同向。转子尚未转动时，$n = 0$，$s = \frac{n_1 - n}{n_1} = 1$；当 $n_1 = n$ 时，$s = \frac{n_1 - n}{n_1} = 0$。可知异步电动机处于电动状态时，转差率的变化范围总在 0 和 1 之间，即 $0 < s \leqslant 1$。一般情况下，电动机额定运行时转差率 $s = 1\% \sim 5\%$。异步电动机转子的转速可表达为

$$n_2 = (1 - s) n_1。$$

2. 调速

许多机械设备在工作时需要改变运动速度。在负载不变的情况下，改变异步电动机的转速叫调速。由公式

$$n_2 = (1 - s)n_1 = (1 - s) \frac{60f}{p}$$

可知，有三种办法可以改变电动机转速。

1）改变电源频率 f，即变频调速，是一种很有效的调速方法，随着变频技术的飞速发展，变频调速的应用正变得越来越广泛。

2）改变转差率 s，即变差调速，笼型异步电动机的转差率是不易改变的，因此，笼型异步电动机不用改变转差率来实现调速。

3）改变磁极对数 p，即变极调速，用在多速电动机调速中。在多速电动机的制造中，设计了不同的磁极对数，可根据需要改变定子绕组的接线方式，以此来改变磁极对数，使电动机获得不同的转速。

3. 反转

由于异步电动机的旋转方向与磁场的旋转方向一致，而磁场的旋转方向决定于三相电源的相序。所以，要使电动机反转只需要使旋转磁场反转，为此，只要将接在三相电源的三根相线中的任意两根对调即可。

实训　三相异步电动机的反转

1. 实训目的

1）理解三相电源的正序与反序。
2）掌握三相异步电动机手动正转控制电路的安装。
3）掌握三相异步电动机的反转接线方法。

2. 实训所需器材

1）工具：闸刀开关、尖嘴钳、剥线钳、螺钉旋具等。
2）器材：小功率三相异步电动机一台、导线若干。

3. 实训内容

1）电动机闸刀开关手动控制电路安装。
2）三相异步电动机的反转接线。

4. 实训步骤及工艺要求

1）根据所备器材进行电动机闸刀开关手动控制电路的安装。
2）正转通电试车。
3）将接在三相电源的三根相线中的任意两根对调，对电动机进行反转接线。
4）反转通电试车。
5）注意实训中的用电安全。

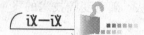

在电动机的反转接线中，将三根电源线都进行了换接，为什么电动机不改变转向？

用"对调三相电源线中的任意两根"的方法改变电动机转向，在具体操作中可有几种不同做法？

请对自己完成任务的情况进行评估，并填写下表。

任务检测与分析

检测项目	评分标准	分值	学生自评	教师评估
控制线路安装	① 未备齐接线工具，每件扣2分 ② 未正确安装控制线路，每处扣5分	40		
正转通电试车	① 三相电源开关分合闸不迅速，扣5分 ② 未仔细观察电动机转向，扣5分 ③ 接线错误造成通电一次不成功，扣10分	20		
反转接线	各接点松动或不符合要求，每个扣5分	20		
反转通电试车	① 三相电源开关分合闸不迅速，扣5分 ② 未仔细观察电动机转向，扣5分 ③ 接线错误造成通电一次不成功，扣10分	20		
安全文明生产	违反安全文明生产规程，扣5~40分			
定额时间40min	每超时5min，扣5分			
备注	除定额时间外，各项目的最高扣分不应超过配分			
开始时间	结束时间			实际时间

任务四　三相异步电动机的铭牌与分类

- 明确三相异步电动机的铭牌和技术指标。
- 了解三相异步电动机的分类方法。
- 掌握三相异步电动机的型号及选用。

任务教学方式

教学步骤	时间安排	教学方式
阅读教材	课余	自学、查资料、相互讨论
知识讲解	2课时	重点讲授三相异步电动机的铭牌、分类和选用
操作技能	课余	实物维护,学生训练和教师指导相结合

知识1 三相异步电动机的铭牌和技术指标

电动机制造厂家按照国家标准,根据电动机的设计和试验数据而规定的每台电动机的正常运行状态和条件,称为电动机的额定运行情况。表征电动机额定运行情况的各种数值,如电压、电流、功率等称为电动机的额定值。

三相异步电动机的额定值刻印在每台电动机的铭牌上,一般包括以下内容。

1)型号。表示产品性能、结构和用途的代号。

2)额定功率。在额定运行(指电压、频率和电流都为额定值)情况下,电动机轴上所输出的机械功率。

3)额定电压。电动机在额定运行情况下的线电压为电动机的额定电压。一般规定电动机的电压不应高于或低于额定值的5%。如三相定子绕组可有两种接法时,就标有两种相应的额定电压值。

4)额定电流。指电动机在额定电压、额定频率和额定负载下运行时,三相定子绕组中通过的线电流,单位为A。由于定子绕组的连接方式不同,额定电压不同,电动机的额定电流也不同。

例如,一台额定功率为10kW的三相异步电动机,其绕组作三角形连接时,额定电压为220V,额定电流为68A;其绕组作星形连接时,额定电压为380V,额定电流为39A。即铭牌上标明:接法——三角形/星形;额定电压——220/380V;额定电流——68/39A。

5)额定频率。是指电动机所接交流电源的频率。我国发电厂所生产的交流电频率为50Hz。频率降低时,转速降低,定子电流增大。

6)额定转速。指电动机在额定电压、额定频率和额定负载下运行时,转子每分钟的转数,单位为r/min。其值略低于同步转速。

7)接法。指电动机在额定电压下定子绕组的接线方式。一般有星形和三角形两种接法。星形接线时,绕组所能承受的电压是三角形接线时的 $1/\sqrt{3}$,因此必须按铭牌规定的接线方式接线;否则,电动机将被烧毁。

8)绝缘等级。是根据绕组所用的绝缘材料,按照它的允许耐热程度规定的等级。中小型异步电动机的绝缘等级有A、E、B、F和H级。电动机的工作温度主要受绝缘材料的限制。若工作温度超出绝缘材料所允许的温度，绝缘材料就会迅速老化，其使用寿命将大大缩短。修理电动机时，所选用的绝缘材料应符合铭牌规定的绝缘等级。

9）温升。指电动机长期连续运行时的工作温度比周围环境温度高出的数值。我国规定周围环境的最高温度为40℃。例如，若电动机的允许温升为65℃，则其允许的工作温度为（65＋40）℃＝105℃。电动机的允许温升与所用绝缘材料等级有关。电动机运行中的温升对绝缘材料的使用寿命影响很大，理论分析表明，电动机运行中绝缘材料的温度比额定温度每升高8℃，其使用寿命将缩短一半。

10）工作定额。是指电动机的工作方式，即在规定的工作条件下运行的持续时间或工作周期。电动机运行情况，根据发热条件可分为三种基本运行方式：连续运行、短时运行和断续运行。

① 连续运行。按铭牌上规定的功率长期运行，如水泵、通风机和机床设备上电动机的使用方式都是连续运行方式。

② 短时运行。每次只允许规定的时间内按额定功率运行，而且再次启动之前应有符合规定的足够的停机冷却时间。

③ 断续运行。电动机以间歇方式运行，如吊车和起重机等设备上用的电动机就是断续运行方式。

11）额定功率因数。是指电动机在额定输出功率下，定子绕组相电压与相电流之间相位角的余弦，约为0.7～0.9。电动机空载运行时，功率因数约为0.2左右。功率因数越高的电动机，发配电设备的利用率越高。

12）额定效率。对电动机而言，输入功率与输出功率不等，其差值等于电动机本身的损耗功率，包括铜损、铁损和机械损耗等。效率是指输出功率与输入功率的比值，即通常约为75％～92％。效率越高，电动机的损耗越小。

13）转子电压。是指绕线式异步电动机的定子绕组加有额定电压时，转子不转动时两个滑环间的电压。

14）转子电流。是指绕线式异步电动机使用在额定功率时的转子电流。

15）启动电流。是指电动机在启动瞬间的电流，常用它与额定电流之比的倍数来表示。异步电动机的启动电流一般是额定电流的4～7倍。

16）启动转矩。启动转矩是指电动机启动时的输出转矩，常用它与额定转矩之比的倍数来表示，一般是额定转矩的1～1.8倍。

17）重量。是指电动机本身的体重，以供起重搬运时参考。

知识2　三相异步电动机的分类

三相异步电动机一般为系列产品，其系列、品种、规格繁多，因而分类也较多。常见的有如下几种分类方法。

1. 按电动机尺寸大小分类

大型电动机：定子铁心外径 $D>1000$mm 或机座中心高 $H>630$mm。

中型电动机：$D=500\sim1000$mm 或 $H=355\sim630$mm。

小型电动机：$D=120\sim500$mm 或 $H=80\sim315$mm。

2. 按电动机外壳防护结构分类

可分为开启式、防护式、封闭式、隔爆式、防水式和潜水式等。

3. 按电动机冷却方式分类

可分为自冷式、自扇冷式、他扇冷式等。

4. 按电动机的安装结构形式分类

可分为卧式、立式、带底脚式、带凸缘式等。

5. 按电动机运行工作制分类

S1：连续工作制。
S2：短时工作制。
S3～S8：周期性工作制。

6. 按转子结构形式分类

可分为三相笼型感应电动机、三相绕线型感应电动机

知识3　三相异步电动机的型号及选用

我国电机产品型号的编制方法是按国家标准 GB 4831—1984《电机产品型号编制方法》实施的，即由汉语拼音字母及国际通用符号和阿拉伯数字组成，按规定顺序排列。

1. 产品代号

电机产品（类型）代号见表1-1。

表1-1　电机产品（类型）代号

电机种类	异步电动机	同步电动机	同步发电机	直流电动机	直流发电机	汽轮发电机	水轮发电机	测功机	潜水电泵	纺织用电机	交流换向器电动机
产品代号	Y	T	TF	Z	ZF	QF	SF	C	Q	F	H

2. 特殊环境代号

特殊环境代号见表1-2。

表1-2　特殊环境代号

使用场合	热带用	湿热带用	干燥带用	高原用	船用	户外用	化工防腐用
汉语拼音字母	T	TH	TA	G	H	W	F

3. 规格代号

产品规格代号：L—长机座；M—中机座；S—短机座。

4. 补充代号（在产品标准中作规定）

常用三相异步电动机产品型号、结构特点及应用场合见表 1-3。

表 1-3　常用三相异步电动机产品型号、结构特点及应用场合

序号	名称	型号 新	型号 老	机座号与功率范围	结构特点	应用场合
1	小型三相异步电动机（封闭式）	Y2 (IP55)	Y(IP44) JO2 JO	H80~355 0.75~315kW	外壳为封闭式，可防止灰尘、水滴浸入。Y2 为 F 级绝缘，Y 为 B 级绝缘，JO2 为 E 级绝缘	用于无特殊要求的各种机械设备，如金属切削机床、水泵、鼓风机、运输机械等
2	小型三相异步电动机（防护式）	Y (IP23)	J2. J	H160~315 11~250kW	外壳为防护式，能防止直径大于 12mm 的杂物或水滴与垂直线成 60°角进入电动机	适用于运行时间较长、负荷率较高的各种机械设备
3	高效三相异步电动机	YX (IP44)	—	H100~280 1.5~90kW	用冷轧硅钢片及新工艺降低电动机损耗，效率较 Y 基本系列平均高 3%	适用于重载启动的场合，如起重设备、卷扬机、压缩机、泵类等
4	绕线型三相异步电动机	YR(IP44) (IP23)	JRO2 JR2	H132~280 4~75kW	转子为绕线型，可通过转子外接电阻获得大的启动转矩及在一定范围内分级调节电动机转速	适用于启动机、电梯等设备
5	变频多速三相异步电动机	YD (IP44)	JDO2	H80~280 0.55~90kW	在 Y 基本系列上派生，利用多套定子绕组接法来达到电动机的变速	适合于万能、组合、专用切削机床及需多级调速的传动机构
6	高转差率三相异步电动机	YH (IP44)	JHO2	H80~280 0.55~90kW	在 Y 系列上派生，用转子深槽及高电阻率转子导体结构、堵转转矩大、转差率高、堵转电流小，机械特性较好，能承受冲击负载	用于传动飞轮力矩较大及不均匀冲击负载，如锤击机、剪切机、冲压机、锻冶机等
7	电磁调速三相异步电动机	YCT	JZT	H112~335 0.55~90kW	由 Y 系列电动机与电磁离合器组合而成。为恒转矩无级调速电动机	用于恒转速无级调速场合，尤其适用于风机、水泵等负载
8	电磁制动三相异步电动机	YEJ	—	H80~225 0.55~45kW	在 Y 系列电动机一端加直流圆盘制动器组合而成，能快速停止，正确定位	用于升降机械、运输、包装、建筑、食品、木工机械等
9	增安型三相异步电动机	YA	JAO2	H80~280 0.55~75kW	在 Y 基本系列上对结构及防护上采用加强措施	适用于有爆炸危险的场合
10	隔爆型三相异步电动机	YB	BJO2	H80~315 0.55~220kW	在 Y 基本系列上派生，按隔爆标准规定生产	用于煤矿及有可燃性气体的工厂

续表

序号	名称	型号		机座号与功率范围	结构特点	应用场合
		新	老			
11	户外型三相异步电动机	Y-W	JO2-W	H80～315 0.55～160kW	在Y基本系列上派生,采取加强结构密封和材料,采取工艺防腐措施。Y-W用于户外机械,Y-F用于有化学腐蚀介质的机械,Y-WF用于户外有化学腐蚀的各种机械	用于石油、化工、化肥、制药、印染等企业用水泵、油泵、鼓风机、排风扇等机械设备上
12	防护型三相异步电动机	Y-F	JO2-F			
13	户外防腐型三相异步电动机	Y-WF	JO2-WF			
14	船用三相异步电动机	Y-H	JO2-H	H80～315 0.55～220kW	在Y基本系列上派生,按船上使用特点制造	用于海洋、江河船舶上的各种机械,如泵、通风机、分离器、液压机械等
15	起重冶金用三相异步电动机	YZ YZR	JZ2 JZR2	YZ系列: H112～250 1.5～30kW YZR系列: H225～400 1.5～200kW	YZ为笼型转子,YZR为绕线转子,环境温度为40℃时用F级绝缘,为60℃时用H级绝缘,同步转速有1000r/min、750r/min、600r/min三种,工作制为S3～S5	用于各种起重机械及冶金辅助设备的电力传动上
16	换向器三相异步电动机	JZS2	JZS	H225～475 3/1～160/53.3kW	为恒转矩交流调速电动机,调速比通常为3:1,本系列电动机效率高、功率因数较高,无级调速	用于印染、印刷、造纸、橡胶、制糖、制塑机械及试验设备机械中
17	力矩三相异步电动机	YLJ	JLJ	H63～180 输出转矩: IP21 2～200N·m IP44 0.3～25N·m	YLJ系列电动机的机械特性是通过增加转子电阻来实现的。其中IP44防护结构加装离心鼓风机进行强迫通风	用于造纸、电线电缆、印染、橡胶等部门作卷绕、开卷、堵转和调速等设备的动力
18	电梯用三相异步电动机	YTD	JTD	H200～250 0.67～22kW	笼型转子,定子绕组有两套,分别为6极和24极	用于交流客、货电梯及其他升降机械
19	激振三相异步电动机	YJZ YZ0	—	激振力各为: 1～100kN 1～100kN	通过安装在转轴两侧的偏心块在旋转时产生离心力做激振源	用于各类振动机械
20	夯实三相异步电动机	YZH	—	H145～155 2.2～4kW	与可逆式电动振动实现夯实机配套使用	用于建筑行业及其他夯实作业上
21	辊道用三相异步电动机	YG	JG2	H112～225 堵转转矩: 16～800N·m	为IP54防护,采用H级绝缘	用于冶金工业的工作辊道驱动
22	制冷用耐氟里昂三相异步电动机	YSR(三相) YLRB(单相)	—	0.6～180kW	电动机绝缘材料及绝缘结构能保证在制冷机和冷冻机的混合物中安全可靠地使用	供全封闭和半封闭制冷压缩机特殊配套用
23	交流变频调速三相异步电动机	YVP YTP	—	0.55～4.5kW 0.75～90kW	笼型转子带轴流风机,低速时能输出恒转矩,调速效果较好,节能效果较明显	用于恒转矩调速和驱动风机、水泵等递减转矩场合

续表

序号	名称	型号 新	老	机座号与功率范围	结构特点	应用场合
24	船用起重三相异步电动机	YZ-H	—	分单速、双速、三速等	机壳由钢板焊成，采用 ZYZ 型直流圆盘式电磁制动器	用于各类船舶作短时定额的甲板机械电力拖动，如锚机、绞盘机、绞车等
25	井用潜水三相异步电动机	YQS2	JQS	井径 150～300mm 3～185kW	充水式密封结构，与潜水泵组合，立式运行，电动机外径尺寸小、细长	专用于驱动井下水泵，可潜入井下水中工作，汲取地下水

下面用两个产品举例。

（1）三相异步电动机 Y2-132M-4

产品代号：异步电动机，第二次改型设计。

规格代号：中心高 132mm，M 中机座，4 极。

（2）户外防腐型三相异步电动机 Y-100L2-4-WF1

产品代号：异步电动机。

规格代号：中心高 100，长机座第二铁心长度，4 极。

特殊环境代号：W 户外用，F 化工防腐用，中等防腐。

 做一做

实训　三相异步电动机的铭牌

1. 实训目的

1）了解电动机在生产、生活中广泛应用的情况。

2）了解三相异步电动机的用途。

3）熟悉三相异步电动机的铭牌内容。

4）学会根据型号选择三相异步电动机。

2. 实训所需器材

1）生活中带有电动机的家用电器。

2）周边企业生产中所用到的三相异步电动机。

3. 实训内容

1）抄录电动机的铭牌。

2）分析电动机铭牌内容。

4. 实训步骤

1）观察生活中带有电动机的家用电器，抄录其中电动机的铭牌内容。

2）走访周边企业，了解生产中所用电动机，抄录其铭牌内容。

3）研究分析所收集的有关电动机铭牌内容的资料，特别是三相异步电动机的铭牌资料。

 议一议

通过实训会发现一个现象，工业生产中的电动机绝大多数为三角形接法，星形接法较为罕见，这是为什么？

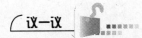 练一练

1. 三相异步电动机的铭牌都包括了哪些内容？

2. 在三相电动机的选择中以铭牌中的什么内容最为重要？

拓 展

1. 三相异步电动机中的"异步"是何含意？

2. 三相异步电动机与其他电动机相比有何特点？如何使用？

思考与练习

1. 三相异步电动机的用途是什么？

2. 三相异步电动机的定子与转子分别由哪些部分组成？除定子与转子外，还有一个重要组成部分是什么？

3. 交流绕组通常可按什么来进行分类？如何分类？

4. 三相异步电动机的旋转磁场是怎样产生的？

5. 试阐述三相异步电动机的转动原理。

6. 什么叫转差率？如何计算转差率？

7. 三相异步电动机常见的分类方法有哪些？分别可以分成哪几类？

8. 三相异步电动机的铭牌包含了哪些内容？

9. 三相异步电动机如何进行分类？

10. 已知一台三相异步电动机的额定转速为 $n_N = 720 \text{r/min}$，电源频率 f 为 50Hz，试问该电机是几极的？额定转差率为多少？

项目二

单相异步电动机

　　用单相交流电源供电的异步电动机叫做单相异步电动机，是一种小容量交流电动机，功率一般不到1000W，结构与三相笼型异步电动机相似。它具有结构简单，成本低廉，维修方便等特点。由于只需单相正弦交流电源供电，因此，在日常生活中应用广泛，电风扇、冰箱、洗衣机等家用电器和一些医疗器械都用单相异步电动机作动力机械。但与同容量的三相异步电动机相比，单相异步电动机的体积较大、运行性能较差、效率较低。单相异步电动机有多种类型，目前应用最多的是电容分相式单相异步电动机。

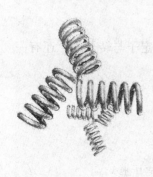

知识目标

- 了解单相感应电动机的结构特点、优缺点及应用情况。
- 掌握单相感应电动机的工作原理，弄清单相感应电动机为什么没有启动转矩。
- 重点掌握单相感应电动机的启动方法与类型。

技能目标

- 能够拆装单相异步电动机。
- 掌握使单相异步电动机反转的接线方法。

任务一 单相异步电动机的结构

 任务目标

- 了解单相异步电动机的基本结构。
- 理解离心开关、启动继电器和 PTC 启动器的作用。

 任务教学方式

教学步骤	时间安排	教学方式
阅读教材	课余	自学、查资料、相互讨论
知识讲解	4 课时	重点讲授单相异步电动机的组成结构

 **读一读**

在单相异步电动机中,专用电动机占有很大比例,它们的结构各有特点,形式繁多。但就其共性而言,电动机的结构都由固定部分——定子、转动部分——转子、支撑部分——端盖和轴承等四大部分组成,与三相笼型异步电动机的结构相似,如图 2-1 所示。

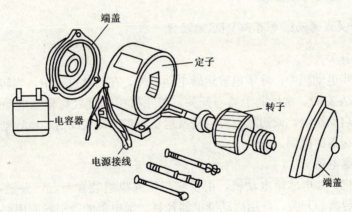

图 2-1 单相异步电动机的构造

1. 机座

机座结构随电动机冷却方式、防护形式、安装方式和用途而异。按其材料分类,有铸铁、铸铝和钢板结构等几种。

铸铁机座带有散热筋。机座与端盖连接,用螺栓紧固。

铸铝机座一般不带有散热筋。

钢板结构机座是由厚为 1.5～2.5mm 的薄钢板卷制、焊接而成,再焊上钢板冲压件的底脚。

有的专用电动机的机座相当特殊，如电冰箱的电动机，它通常与压缩机一起安装在一个密封的罐子里。而洗衣机的电动机，包括甩干机的电动机，均无机座，端盖直接固定在定子铁心上。

2. 铁心

铁心包括定子铁心和转子铁心，作用与三相异步电动机一样，是用来构成电动机的磁路。

3. 绕组

单相异步电动机定子绕组常做成两相：主绕组（工作绕组）和副绕组（启动绕组）。两种绕组的中轴线错开一定的电角度，目的是为了改善启动性能和运行性能。定子绕组多采用高强度聚酯漆包线绕制。

转子绕组一般采用笼型绕组，常用铝压铸而成。

4. 端盖

对应于不同的机座材料，端盖也有铸铁件、铸铝件和钢板冲压件。

5. 轴承

轴承有滚珠轴承和含油轴承。

6. 离心开关或启动继电器和 PTC 启动器

（1）离心开关

在单相异步电动机中，除了电容运转电动机外，在启动过程中，当转子转速达到同步转速的 70% 左右时，常借助于离心开关，切除单相电阻启动异步电动机和电容启动异步电动机的启动绕组，或切除电容启动及运转异步电动机的启动电容器。离心开关一般安装在轴伸端盖的内侧。

（2）启动继电器

有些电动机，如电冰箱电动机，由于它与压缩机组装在一起，并放在密封的罐子里，不便于安装离心开关，就用启动继电器代替。继电器的吸引线圈串联在主绕组回路中，启动时，主绕组电流很大，衔铁动作，使串联在副绕组回路中的常开触头闭合。于是副绕组接通，电动机处于两相绕组运行状态。随着转子转速上升，主绕组电流不断下降，吸引线圈的吸力下降。当到达一定的转速时，电磁铁的吸力小于触头反作用于弹簧的拉力，触头被打开，副绕组脱离电源。

（3）PTC 启动器

最新式的启动元件是 PTC，它是一种能"通"或"断"的热敏电阻。PTC 热敏电阻是一种新型的半导体元件，可用作延时型启动开关。使用时，将 PTC 元件与电容启动或电阻启动电动机的副绕组串联。在启动初期，因 PTC 热敏电阻尚未发热，阻值很低，副绕组处于通路状态，电动机开始启动。随着时间的推移，电动机的转速不断增加，PTC元件的温度因本身的电流热效应发热而上升，当超过居里点 T_c（即电阻急剧增加的温度点），电阻剧增，副绕组电路相当于断开，但还有一个很小的维持电流，并有 2～3W 的损耗，使PTC元件的温度维持在居里点 T_c 值以上。当电动机停止运行后，PTC元件温度不断下降，约 2～3min 其电阻值降到 T_c 点以下，这时又可以重新启动，这一时间正好是电冰箱和空调机所规定的两次开机间的停机时间。

PTC启动器的优点是无触点，运行可靠，无噪声、无电火花，防火、防爆性能好，并且耐振动、耐冲击、体积小、重量轻、价格低。

任务二　单相异步电动机的工作原理

- 理解单相异步电动机获得启动转矩的原理。
- 了解单相异步电动机的三种调速方法。
- 掌握使单相异步电动机反转的接线方法。

任务教学方式

教学步骤	时间安排	教学方式
阅读教材	课余	自学、查资料、相互讨论
知识讲解	2课时	重点讲授单相异步电动机的工作原理和调速方法

知识1　单相异步电动机的基本工作原理

单相异步电动机的定子绕组接通的是单相交流电，定子所产生的磁场是一个交变的脉动磁场，磁场强度和方向按正弦规律变化。交变的脉动磁场可以认为是由两个大小相等、转速相同但转向相反的旋转磁场所合成的磁场。当转子静止时，两个旋转磁场作用在转子上所产生的合力矩为零，所以转子静止不动，单相异步电动机不能自行启动。

实验证明，如果用外力使转子沿顺时针方向转动一下，使转子与两个旋转磁场间的相对速度发生变化，结果顺时针方向转矩大于逆时针方向转矩，电动机将继续沿顺时针方向运动下去。反之，电动机将沿逆时针方向转动。

为了能产生一个旋转磁场，使单相异步电动机的笼型转子得到启动转矩而转动，可利用启动绕组中的串联电容实现分相，其接线原理如图 2-2（a）所示。只要合理选择参数便能使工作绕组中的电流 i_A 与启动绕组中的电流 i_B 相位相差 90°，如图 2-2（b）所示，分相后两相电流波形如图 2-3 所示。

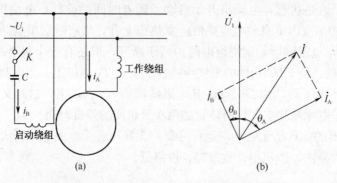

图 2-2   电容分相单相电动机接线图及相量图

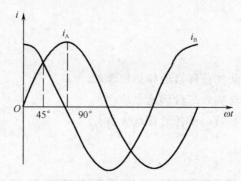

图 2-3   两相电流波形图

设：$i_A = I_{Am} \sin \omega t$ 则有

$$i_B = I_{Bm} \sin (\omega t + 90°)$$

式中，I_{Am} 是 A 绕组电流最大值，I_{Bm} 是 B 绕组电流最大值。

如同分析三相绕组旋转磁场一样，将正交的两相交流电流通入在空间位置上互差90°的两相绕组中，同样能产生旋转磁场，如图 2-4 所示。在旋转磁场的作用下，单相异步电动机笼型转子得到启动转矩而转动。若启动绕组在电动机运转时也处于工作状态，即为电容运转式异步电动机，实际是一个两相电动机。若当电动机转速升高到额定转速的 75%～80% 时，利用离心开关 S 的动作，切断启动绕组，则为电容启动式单相异步电动机。

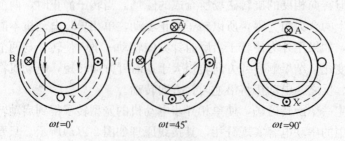

图 2-4   两相旋转磁场

与三相异步电动机相似，只要改变启动绕组或工作绕组两端与电源的接线顺序，便可改变旋转磁场的方向，即改变单相异步电动机的转动方向。

知识 2 单相异步电动机的调速

单相异步电动机的调速方法主要有变频调速、晶闸管调速、串电抗器调速和抽头法调速等。下面简单介绍目前采用较多的串电抗器调速、抽头法调速和晶闸管调速。

1. 串电抗器调速

在电动机的电源电路中串联起分压作用的电抗器，通过调速开关选择电抗器绕组的匝数来调节电抗值，从而改变电动机两端的电压，达到调速的目的，如图 2-5 所示。串电抗器调速的优点是结构简单，容易调整调速比，但消耗的材料较多，调速器体积较大。

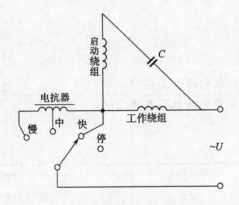

图 2-5 串电抗器调速接线图

2. 抽头法调速

如果将电抗器和电动机结合在一起，在电动机定子铁心上嵌入一个中间绕组（或称调速绕组），通过调速开关改变电动机气隙磁场的大小及椭圆度，可达到调速的目的。

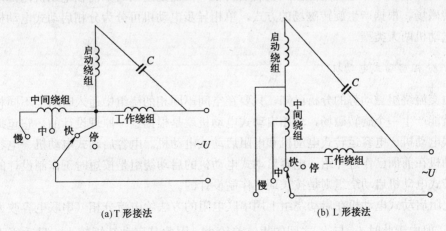

(a) T 形接法　　　　　　　　(b) L 形接法

图 2-6 抽头法调速接线图

根据中间绕组与工作绕组和启动绕组的不同接线，常用的有 T 形接法和 L 形接法，如图 2-6 所示。

抽头法调速与串电抗器调速相比较，采用抽头法调速时用料省、耗电少，但是绕组嵌线和接线比较复杂。

3. 晶闸管调速

可以利用改变晶闸管的导通角，来实现加在单相异步电动机上的交流电压的大小，从而达到调节电动机转速的目的，这种方法能实现无级调速，缺点是会产生一些电磁干扰。目前常用于吊式风扇的调速上。

任务三　单相异步电动机的分类

- 了解单相异步电动机的两大类别。
- 理解罩极式单相异步电动机的工作原理。

任务教学方式

教学步骤	时间安排	教学方式
阅读教材	课余	自学、查资料、相互讨论
知识讲解	2 课时	重点讲授单相异步电动机的分类方法

为了使单相异步电动机能够产生启动转矩，关键是启动时如何在电动机内部形成一个旋转磁场。根据产生旋转磁场的方式，单相异步电动机可分为分相启动式电动机和罩极式电动机两大类型。

1. 分相启动式电动机

由交流绕组磁动势的分析已知，只要在空间不同相的绕组中通入时间上不同相的电流，就能产生一个旋转磁场，分相启动式电动机就是根据这一原理设计的。它包括电容启动式电动机、电容运转式电动机和电阻启动式电动机。电容启动式电动机、电容运转式电动机在前面已作过介绍。电容启动式电动机的启动绕组是按短时工作制设计的，电容运转式电动机启动绕组则是按长期工作制设计的。

电阻启动式电动机在启动绕组上用串联电阻的方法给电流分相（串联电容改为串联电阻）。但由于此时 $\dot{I}_1$ 与 $\dot{I}_{st}$ 之间的相位差较小，因此其启动转矩较小，只适用于空载或轻载启动的场合。

2. 罩极式电动机

罩极式电动机的定子一般都是采用凸极式的，工作绕组集中绕制，套在定子磁极上。在极靴表面的 $\frac{1}{3} \sim \frac{1}{4}$ 处开有一个小槽，并用短路铜环把这部分磁极罩起来，故称罩极式电动机。短路铜环起了启动绕组的作用，称为启动绕组。罩极式电动机的转子仍做成笼型，如图 2-7(a) 所示。

当工作绕组通入单相交流电流后，将产生脉振磁动势，所形成的磁通分为两部分，其中一部分磁通 $\dot{\Phi}_1$ 不穿过短路铜环，另一部分磁通 $\dot{\Phi}_2$ 则穿过短路铜环。$\dot{\Phi}_1$ 和 $\dot{\Phi}_2$ 都是由工作绕组中的电流产生的，相位相同且 $\dot{\Phi}_1 > \dot{\Phi}_2$。由于 $\dot{\Phi}_2$ 脉振的结果，在短路环中产生感应电动势 $\dot{E}_2$，滞后于 $\dot{\Phi}_2$ 的相位为 $90°$，在闭合的短路铜环中有滞后于 $\dot{E}_2$ 的 φ 角的电流 $\dot{I}_2$ 产生，它又产生与 $\dot{I}_2$ 同相的磁通 $\dot{\Phi}'_2$，穿过短路通环，因此罩极部分穿过的总磁通为 $\dot{\Phi}_3 = \dot{\Phi}_2 + \dot{\Phi}'_2$，如图 2-7(b) 所示。由此可见，未被罩极部分的磁通 $\dot{\Phi}_1$ 与被罩极部分的磁通 $\dot{\Phi}_3$ 不仅在空间，而且在时间上均有相位差，因此它们的合成磁场将由未罩极部分转向罩极部分，所产生的电磁转矩的方向也由未罩极部分转向罩极部分。

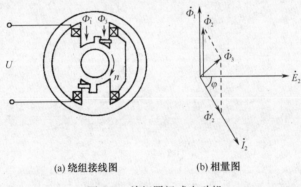

(a) 绕组接线图   (b) 相量图

图 2-7 单相罩极式电动机

单相异步电动机与三相异步电动机有哪些共性与个性？如何合理选用这两类电动机？

思考与练习

1. 单相异步电动机有哪些优缺点？
2. 单相异步电动机由哪几部分组成？
3. 单相异步电动机主要应用于哪些方面？
4. 单相异步电动机与三相异步电动机的旋转磁场有什么不同？

5. 单相异步电动机旋转磁场的产生有哪些条件？

6. 改变单相异步电动机转向的方法有哪几种？

7. 单相异步电动机有哪些调速方法？

8. 电容启动式电动机和电容运转式电动机有什么异同点？

9. 试分别画出电容启动式电动机和电容运转式电动机的原理电路图？

10. 分相启动式电动机和罩极式电动机转向如何确定？

项目三

直流电机

　　直流电机是电机的主要类型之一。一台直流电机既可作为发电机使用，也可作为电动机使用，因此得到了广泛使用。用作直流发电机可以得到直流电源；而作为直流电动机，则可获得动力。

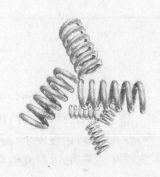

知识目标

- 熟悉直流电机的结构特点与用途。
- 掌握直流电机的工作原理。
- 掌握直流电机的多种励磁方式。
- 了解直流发电机的运行特性。

技能目标

- 能够拆装直流电动机。
- 能够更换直流电动机的电刷。

任务一　直流电机的用途和结构

任务目标

- 了解直流电机的用途。
- 明确直流电动机的组成结构。
- 掌握直流电动机各组成部分的作用。

任务教学方式

教学步骤	时间安排	教学方式
阅读教材	课余	自学、查资料、相互讨论
知识讲解	4 课时	重点讲授直流电动机的用途与结构

读一读

知识1　直流电机的用途

　　直流电机的用途很广，可用作电源即直流发电机，如图 3-1 所示，将机械能转化为直流电能；也可提供动力，即用作直流电动机，如图 3-2 所示，将直流电能转化为机械能。直流电动机具有调速平滑、启动转矩大和调速范围广等特点，因此对调速要求高和启动转矩要求大的机械往往采用直流电动机来拖动。在日常生活中也常用到直流电动机，如电动剃须刀、电动儿童玩具、用直流电动机拖动的电梯等。

图 3-1　直流发电机　　　　　　　　　　图 3-2　直流电动机

　　另外，直流电动机还可作为测量元件进行信号的传递，以实现生产机械的自动化控制。如直流测速发电机，如图 3-3 所示，是将机械信号转换为电信号；直流伺服电动机如图 3-4 所示，是将控制信号转换为机械信号等。

图 3-3　直流测速发电机

图 3-4　直流伺服电动机

知识 2　直流电动机的结构

　　旋转电动机的结构形式，必须具有满足电磁和机械两方面要求的结构，由静止和转动两大部分组成，直流电动机的结构如图 3-5 所示。

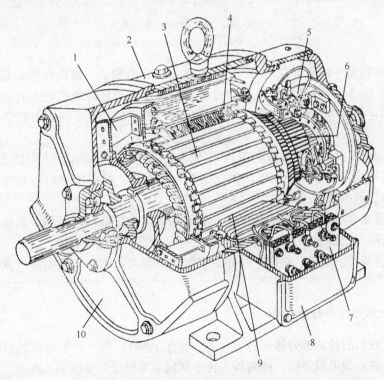

图 3-5　直流电动机的结构

1—风扇；2—机座；3—电枢绕组；4—主磁极；5—刷架；6—换向器；
7—接线板；8—出线盒；9—换向磁极；10—端盖

1. 直流电动机的静止部分

直流电动机静止部分称作定子，用于产生磁场，由主磁极、换向极、机座和电刷装置等组成，如图 3-6 所示。

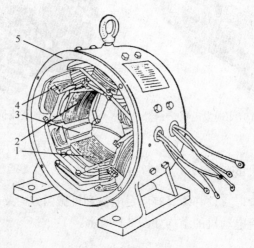

图 3-6　直流电动机外形图

1、2—主磁极；3、4—换向磁极；5—机座

1）主磁极是一种电磁铁，用于产生主磁场，它由铁心、极靴和励磁绕组三部分组成。铁心用 1～1.5mm 厚的钢板冲片叠压紧固而成。当励磁绕组通入直流电时，铁心成为极性固定的磁极。极靴挡住绕在铁心上的励磁绕组，使空气隙中的磁通密度均匀分布。

2）换向极（又称附加极或间极），作用为改善换向。它装在两主磁极之间，也是由铁心和绕组构成，铁心一般用整块钢或钢板加工而成。换向极绕组匝数较少，导线较粗，与电枢绕组串联。

3）机座通常由铸铁或厚铁板焊成，不仅起支撑整个电机的作用，而且是构成直流电动机磁路的一个组成部分。机座中有磁通经过的部分称为磁轭。

4）电刷装置由电刷、刷握、刷杆座和铜丝辫组成，能将直流电压、直流电流引入或引出。

2. 直流电动机的转动部分

直流电动机的转动部分称作转子（通常称作电枢），用于产生电磁转矩和感应电动势，由电枢铁心和电枢绕组、换向器、转轴和风扇等组成，如图 3-7 所示。

1）电枢铁心是主磁路的主要部分，通常用 0.5mm 厚的硅钢片冲片叠压而成。电枢铁心的外圆上有均匀分布的槽用以嵌放电枢绕组。

2）电枢绕组是直流电动机的主要电路部分，用以通过电流和感应产生电动势以实现电-机能量的转换，将电能转换成机械能，由许多按一定规律连接的线圈组成。

3）换向器是直流电动机的重要部件，它的作用是将电刷上所通过的直流电流转换

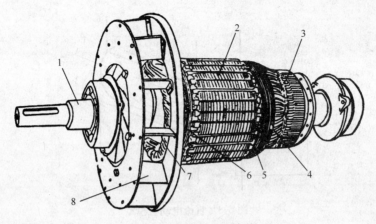

图 3-7 直流电动机转子

1—转轴；2—电枢铁心；3—换向器；4、7—电枢绕组；5、6—镀锌钢丝；8—风扇

为绕组内的交变电流或将绕组内的交变电动势转换为电刷端上的直流电动势。换向器性能的优劣在很大程度上决定了电动机运行的可靠性。

任务二 直流电动机的工作原理

 任务目标

- 了解直流电动机的基本工作原理。
- 掌握直流电动机中换向器的作用。
- 理解直流电动机的各种励磁方式。

任务教学方式

教学步骤	时间安排	教学方式
阅读教材	课余	自学、查资料、相互讨论
知识讲解	4课时	重点讲授直流电动机的工作原理

 **读一读**

图 3-8 所示是一个最简单的直流电动机模型。在一对静止的磁极 N 和 S 之间，装设一个可以绕 Z-Z' 轴而转动的圆柱形铁心，在它上面装有矩形的线圈 abcd。这个转动的部分通常叫做电枢。线圈的两端 a 和 d 分别接到叫做换向片的两个半圆形铜环 1 和 2 上。换向片 1 和 2 之间是彼此绝缘的，它们和电枢装在同一根轴上，可随电枢一起转动。A 和 B 是两个固定不动的碳质电刷，它们和换向片之间是滑动接触的。来自直流电源的电流就是通过电刷和换向片流到电枢的线圈里。

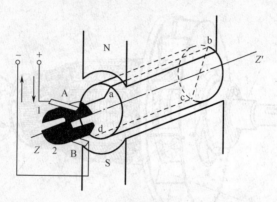

图 3-8　直流电动机模型

当电刷 A 和 B 分别与直流电源的正极和负极接通时，电流从电刷 A 流入，而从电刷 B 流出。这时线圈中的电流方向是从 a 流向 b，再从 c 流向 d。载流导体在磁场中要受到电磁力，其方向由左手定则来决定。当电枢在如图 3-9（a）所示的位置时，线圈 ab 边的电流从 a 流向 b，用 ⊗ 表示，cd 边的电流从 c 流向 d，用 ⊙ 表示。根据左手定则可以判断出，ab 边受力的方向是从右向左，而 cd 边受力的方向是从左向右。这样，在电枢上就产生了逆时针方向的转矩，因此电枢将沿着逆时针方向转动起来。

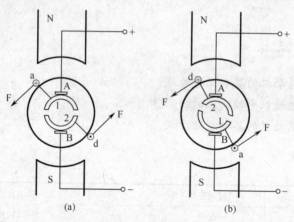

(a)　　　　　　　　　(b)

图 3-9　换向器在直流电动机中的作用

当电枢转到使线圈的 ab 边从 N 极下面进入 S 极，而 cd 边从 S 极下面进入 N 极时，与线圈 a 端连接的换向片 1 跟电刷 B 接触，而与线圈 d 端连接的换向片 2 跟电刷 A 接触，如图 3-9（b）所示。这样，线圈内的电流方向变为从 d 流向 c，再从 b 流向 a，从而保持在 N 极下面的导体中的电流方向不变。因此转矩的方向也不改变，电枢仍然按照原来的逆时针方向继续旋转。由此可以看出，换向片和电刷在直流电动机中起着改换电枢线圈中电流方向的作用。

图 3-8 所示的直流电动机，只有一匝线圈，它所受到的电磁力是很小的，而且有较大的脉动。如果由直流电源流入线圈的电流大小不变，磁极的磁密在垂直于导体运动方向的空间按正弦规律分布，电枢为匀速转动时，此电动机产生电流和磁场产生的电磁转

矩随时间变化的波形，如图 3-10 所示。由图 3-10 可以看出，转矩是变化的，除了平均转矩外，还包含着交变转矩。为了克服这些缺点，实际的电动机都由很多匝线圈组成，并且按照一定的连接方法分布在整个电枢表面上，通常称为电枢绕组。随着线圈数目的增加，换向片的数目也相应地增多，由许多换向片组合起来的整体叫做换向器。

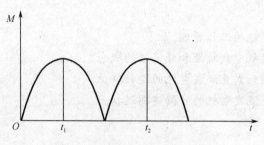

图 3-10　平均电磁转矩的产生

由上可知，直流电动机工作时，首先需要建立一个磁场，它可以由永久磁铁或由直流励磁的励磁绕组来产生。由永久磁铁构成磁场的电动机叫永磁直流电动机。对由励磁绕组来产生磁场的直流电动机，根据励磁绕组和电枢绕组的连接方式的不同，分为他励电动机、并励电动机、串励电动机、复励电动机。

他励电动机是电枢与励磁绕组分别用不同的电源供电，如图 3-11(a) 所示，永磁直流电动机也属于这一类。并励电动机是指由同一电源供电给并联着的电枢和励磁绕组，如图 3-11(b) 所示。串励电动机的励磁绕组和电枢绕组相串联，串励绕组中通过的电流和电枢绕组的电流大小相等，如图 3-11(c) 所示。复励电动机是既有并励绕组又有串励绕组，并励绕组和串励绕组的磁势可以相加，也可以相减，前者称为积复励，后者称为差复励，如图 3-11(d) 所示。

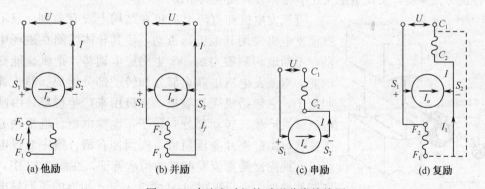

图 3-11　直流电动机按励磁分类接线图

任务三　直流发电机

任务目标

- 了解直流发电机的工作原理。
- 明确直流发电机空载特性和外特性的概念。
- 了解各种励磁形式直流发电机的运行特性。
- 理解并励式直流发电机的自励建压过程。

任务教学方式

教学步骤	时间安排	教学方式
阅读教材	课余	自学、查资料、相互讨论
知识讲解	4课时	重点讲授直流发电机的特性

知识1　直流发电机概述

　　直流发电机是把机械能转化为直流电能的机器。它主要作为直流电动机、电解、电镀、电冶炼、充电及交流发电机的励磁等所需的直流电源。虽然在一些需要直流电的地方，也用电力整流元件，把交流电变成直流电，但从使用方便、运行的可靠性及某些工作性能方面来看，交流电整流还不能和直流发电机相比。

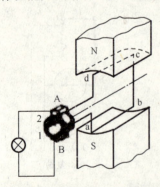

图3-12　直流发电机示意图

　　直流发电机和直流电动机在结构上没有差别。只不过直流发电机是用其他机器带动，使其导体线圈在磁场中转动，不断地切割磁力线，产生感应电动势，把机械能变成电能。直流发电机由静止部分和转动部分组成。静止部分叫定子，它包括机壳和磁极，磁极用来产生磁场，由励磁电流激发产生；转动部分叫转子，也称电枢。电枢铁心呈圆柱状，由硅钢片叠压而成，表面冲有槽，槽中放置电枢绕组。换向器是直流发电机的构造特征，在图3-12中，换向器就是那两个与线圈abcd两端a与d相连的弧形导电滑片1和2，这两个弧形导电滑片相互绝缘。随着线圈转动。两个固定不动的电刷A和B，紧压在换向器滑片上，并与外电路相连接。

　　当发电机的电枢被其他机器带动以匀速逆时针旋转时，线圈abcd作切割磁力线运动。线圈转到如图3-12所示位置时，用右手定则可以判断出ab段导体产生的感应电动势方向为 a→b；cd 段导体产生的感应电动势方向为 c→d，则与滑片 1 接触的电刷 A 为正极，与滑片 2 接触的电刷 B 为负极。当线圈转到中性面（与磁力线相垂直的平面）时，感应电动势从最大值逐渐减小到零。当线圈转过中性面后，ab 段导体产生的感应电动势方向由 a→b；cd 段导体的感应电动势方向由 d→c。此时，电刷 A 改为与换向器的滑片 2 接触，电刷 B 与滑片 1 接触。随着线圈在磁场中的不断转动，换向器滑片 1 和 2 间的感应电动势是大小和方向都随时间变化的交变电动势，但电刷 A 与 B 交替地接触与线圈同时转动的换向器滑片 1 和 2，因此在电刷 A 与 B 间产生的是脉动直流电动势，从 A 与 B 输出的就是直流电了。

为了减小直流发电机输出的直流电的脉动性，电枢绕组并不是单线圈，而是由许多线圈组成，绕组中的这些线圈均匀地分布在电枢铁心的槽内，线圈的端点接到换向器的相应的滑片上。换向器实际上由许多弧形导电滑片组成，彼此用云母片相互绝缘。线圈和换向器的滑片数目越多，产生的直流电脉动就越小，这当然也给制造上带来困难。直流发电机产生的感应电动势的大小与定子磁场的磁感应强度和电枢的转速成正比。中小型直流发电机输出的额定电压并不高，为 115V、230V、460V。大型的直流发电机输出的额定电压在 800V 左右，输出更高电压的直流发电机属于高压特殊机组的范围内，比较少用。

知识 2 直流发电机的运行特性

所谓运行特性是指电机正常运行时其外部各个可测物理量之间的变化关系。发电机由原动机拖动，由于转速是恒定不变的，所以外部可测变量只有 3 个，即端电压 U、负载电流 I 和励磁电流 I_f。直流发电机端电压的性质有着十分重要的意义，因此，必须研究端电压 U 随励磁电流 I_f 及负载电流 I 的变化而变化的关系。表示这些变化关系的曲线即为空载特性 $U_0 = f(I_f)$ 和外特性 $U = f(I)$。

1. 他励式发电机的运行特性

（1）空载特性

当转数 $n=$ 常数，负载电流 $I=0$ 时，改变励磁电流，电枢端电压 U_0 随励磁电流 I_f 变化的关系，即 $U_0 = f(I_f)$ 曲线称为空载特性或开路特性。

$$U_0 = E_a = C_e n \Phi$$

式中，E_a 为电枢电动势。由于 $I_f = F_f/N$，F_f 为磁动势。所以，经过一定比例转换后，开路特性 $U_0 = f(I_f)$ 曲线与发电机的磁化曲线 $\Phi = f(F_f)$ 形状完全相同，如图 3-13 所示。

一般发电机的工作点位于开路特性上曲线开始弯曲的膝点附近。这样，既能保证发电机的输出电压比较稳定，又可以有一定的调节范围。

（2）外特性

当转速 $n=$ 常数，励磁回路电阻 $R_f=$ 常数时，改变负载，端电压 U 随负载电流 I 变化的关系，即 $U = f(I)$ 曲线称为外特性。$n=n_N$，$U=U_N$，$I=I_N$ 时的励磁电流称为额定励磁电流，对应的励磁电阻即 R_{f_N}。

$$U = E_a - I_a R_a - 2\Delta U_s = (C_e \Phi n - 2\Delta U_s) - I_a R_a$$

负载电流增加时，电阻压降增大、电枢磁势的去磁效应增大，使得曲线下降。所以，外特性 $U = f(I)$ 曲线是略微下降的曲线，如图 3-14 所示。

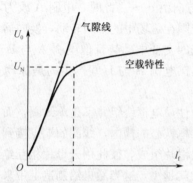
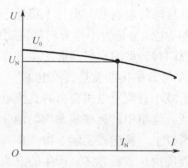

图 3-13   他励发电机的空载特性曲线　　　图 3-14   他励发电机的外特性曲线

发电机从空载到额定负载的电压变化程度，可用电压调整率来表示。电压调整率为 $\Delta U = (U_0 - U_N)/U_N(100\%)$。$\Delta U$ 又称电压变化率，对于一般他励直流发电机，ΔU 为 $5\% \sim 10\%$ 左右。

2. 并励式发电机的运行特性

(1) 建压过程及建压条件

并励式发电机的电路图如图 3-15 所示。励磁绕组并接于电枢绕组两端，由发电机本身的端电压提供励磁（称为自励），而发电机的端电压又必须在有了励磁电流后才能产生，所以并励发电机由初始的 $U=0$ 到正常运行时 U 为一定值，有一个自励建压过程。

在发电机中主磁极总有剩磁存在，原动机拖动转子旋转，电枢绕组切割剩磁场，产生一个微小的剩磁感应电动势。这一电动势加到励磁绕组上将产生一个不大的励磁电流。该励磁电流产生的磁势如果与剩磁同方向，将相互加强，会建立起稳定电压。

该励磁电流产生的磁势如果和剩磁反方向，将相互减弱，从而无法建立稳定电压。可见励磁绕组的接线对建立电压很重要。

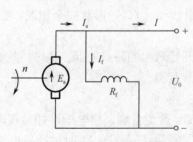
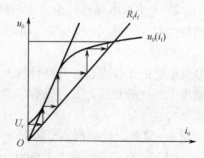

图 3-15   并励式发电机接线图　　　图 3-16   并励发电机电压的建立

由动态方程可知，当 $u_0(i_f) - R_f i_f = 0$ 时，励磁电流和电压将达到稳定值，此为稳定点。场阻线与空载特性相切时对应的励磁回路电阻称为建压临界电阻，如图 3-16 所示。

由建压过程可知，要使一台并励发电机建立电压并以恒定额定转速转动，必须满足下面 3 个条件。

1）发电机中要有剩磁。

2）励磁绕组与电枢绕组并接要正确，即励磁电流产生的磁通方向与剩磁方向一致。

3）励磁回路总电阻应小于建压时临界电阻。

（2）空载特性

并励发电机的励磁电流很小，只占额定电流的 1%～3%。这样微小的电流在电枢绕组中引起的电压降和对电枢反应的影响很小，可以忽略不计。所以并励发电机的开路电压也就是电枢中的感应电势。

$$U_0 = E_a - I_f R_a - 2\Delta U_s \approx E_a$$

并励发电机的开路特性曲线与他励时相同，一般试验时接成他励方式即可。

（3）外特性

并励式发电机与他励式发电机的外特性曲线如图 3-17所示。并励时，有 3 个原因引起端电压随负载电流的增加而下降：电阻 R_a 上的压降；电枢反应的去磁作用；以上两个因素引起励磁电流的进一步减少，从而导致端电压再下降。并励式发电机的电压变化率 ΔU 一般为 20%左右，比他励式发电机高。

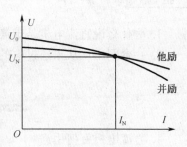

图 3-17　并励式发电机与他励式
发电机的外特性

3. 复励式发电机的运行特性

图 3-18 所示为复励式发电机电路图。复励发电机同时有两种励磁绕组，即串励和并励绕组。如果串励与并励绕组的磁势方向相同，则称为积复励，反之为差复励。一般来说，并励绕组起主导作用，串励绕组起调节性能的作用。

（1）空载特性

开路时串励绕组不起作用，则其开路特性同并励发电机的开路特性完全相同。

（2）外特性

负载运行时，串励绕组产生磁势，这个磁势将影响主磁通的大小和电机性能。对积复励发电机来说串励磁势起增磁作用即升压作用，而电阻压降和电枢反应的去磁作用起降压作用，二者的相对影响力会决定发电机的外特性。如果串励绕组作用较大，即在额定电流时端电压超过额定电压，则为过复励。如果串励绕组的作用不足，即在额定电流时端电压小于额定电压，则为欠复励。如果串励绕组的作用适当，即在额定电流时端电压等于额定电压则为平复励。差复励发电机的串励绕组为一个去磁磁势，负载增大时端电压迅速下降。复励式发电机的外特性曲线如图 3-19 所示。

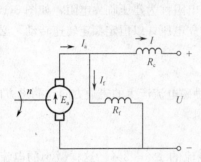
图 3-18　复励式发电机电路图

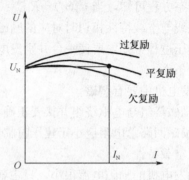
图 3-19　复励式发电机的外特性

拓展

1. 为什么说直流电机是带换向器的交流电机？
2. 一台刚出厂从未通过电的自励发电机能直接发电吗？如不行该如何做？

思考与练习

1. 直流电机有何用途？
2. 直流电机有哪些主要部件？各有何作用？一般采用什么材料制造？
3. 请简述直流电动机的工作原理。
4. 请简述直流电机的励磁方式有哪几种？请画简图表示电枢绕组与励磁组接法各有什么不同？
5. 直流发电机是采用什么措施来减小所发直流电的脉动性呢？
6. 何谓直流发电机的运行特性？具体可由哪两种特性曲线表示？
7. 同一台发电机，在同一转速下，分别作他励式、并励式、复励式发电机运行时，其电压变化率是否相同？为什么？
8. 并励发电机的自励建压过程应满足什么条件？
9. 试说明并励发电机的自励建压过程。

项目四

常用低压电器

　　低压电器能够依据操作信号或外界现场信号的要求，自动或手动地改变电路的状态、参数，实现对电路或被控对象的控制、保护、测量、指示与调节。低压电器的作用有：控制作用、保护作用、测量作用、调节作用、指示作用、转换作用。

　　随着科学技术的发展，新功能、新设备不断出现，低压电器的使用范围越来越广，其品种规格也在不断增加，产品的更新换代速度加快。同时，电子技术在低压电器方面得到广泛应用。

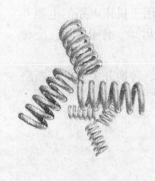

知识目标

- 了解常用低压电器的种类和用途。
- 熟悉常用低压电器的结构原理。
- 熟记常用低压电器的图形、文字符号。

技能目标

- 掌握常用低压电器的选择方法。
- 熟练地拆装常用低压电器。
- 掌握常用低压电器的维修方法。

任务一　低压开关

任务目标

- 了解刀开关、转换开关、低压断路器的结构和工作原理。
- 熟记刀开关、转换开关、低压断路器的文字和图形符号。
- 掌握刀开关、转换开关、低压断路器的用途、型号和选择方法。

任务教学方式

教学步骤	时间安排	教学方式
阅读教材	课余	自学、查资料、相互讨论
知识讲解	4 课时	重点讲授低压开关的用途、型号与常用规格，文字与图形符号，选择方法
操作技能	2 课时	实物拆装与维修，采取学生训练和教师指导相结合

**读一读**

低压开关主要起隔离、转换及接通和分断电路的作用。多数用于机床电路的电源开关、局部照明电路的控制，也可用来直接控制小容量电动机的启动、停止和正/反转控制。

低压开关一般为非自动切换电路，常用的主要类型有刀开关、转换开关和低压断路器等。

知识1　刀开关

1. 刀开关的用途

通、断小负荷电流，用作电源隔离开关。

2. 刀开关的型号与含义

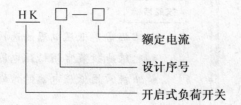

3. 刀开关的结构

刀开关的外形和结构如图 4-1 所示，主要由瓷质手柄、动触点、出线座、瓷底座、静触点、进线座、胶盖紧固螺钉、胶盖等组成。

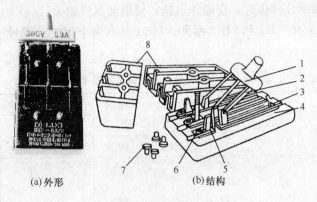

(a) 外形　　　　　　　　(b) 结构

图 4-1　HK 系列刀开关
1—瓷质手柄；2—动触点；3—出线座；4—瓷底座；5—静触点；
6—进线座；7—胶盖紧固螺钉；8—胶盖

4. 刀开关的符号

刀开关的符号如图 4-2 所示。

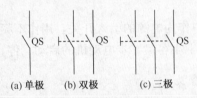

(a) 单极　　　(b) 双极　　　(c) 三极

图 4-2　刀开关的符号

5. 刀开关的选用

刀开关适用于接通或断开有电压而无负载电流的电路。在一般的照明电路和功率小于 5.5kW 电动机的控制电路中采用。

1）用于照明和电热负载时可选用额定电压 220V 或 250V，额定电流大于或等于电路最大工作电流的两极开关。

2）用于电动机的直接启动和停止，选用额定电压 380V 或 500V，额定电流大于或等于电动机额定电流 3 倍的三极开关。

6. 刀开关的安装与使用

1）刀开关必须垂直安装在控制屏或开关板上，不允许倒装或平装，接通状态时手柄应朝上，以防发生误合闸事故。接线时进线和出线不能接反，防止在更换熔体时发生触电事故。

2）刀开关控制照明和电热负载使用时，要装接熔断器作短路和过载保护。接线时应将电源线接在上端，负载接在下端，这样拉闸后刀片与电源隔离，可防止意外事故发生。

3）更换熔体时，必须在闸刀断开的情况下按原规格更换。

4）在接通和断开操作时，应动作迅速，使电弧尽快熄灭。

常用的刀开关有 HK1 和 HK2 系列。HK1 系列为全国统一设计产品，其主要技术数据见表 4-1。

表 4-1   HK1 系列刀开关基本技术参数

型号	极数	额定电流值 /A	额定电压值 /V	可控制电动机最大容量值/kW		配用熔丝规格			
				220V	380V	熔丝成分/%			熔丝线径/mm
						铅	锡	锑	
HK1-15	2	15	220	—					1.45~1.59
HK1-30	2	30	220	—					2.30~2.52
HK1-60	2	60	220	—					3.36~4.00
HK1-15	3	15	380	1.5	2.2	98	1	1	1.45~1.59
HK1-30	3	30	380	3.0	4.0				2.30~2.52
HK1-60	3	60	380	4.5	5.5				3.36~4.00

知识 2   转换开关

1. 转换开关的用途

在机床电气控制电路中作为电源的引入开关，用作不频繁地接通和断开电路、换接电源和负载及控制 5kW 以下小容量异步电动机的启动、停止和正/反转。

2. 转换开关的型号与含义

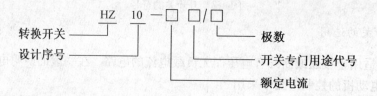

3. 转换开关的结构

转换开关的外形和结构如图 4-3 所示，主要由手柄、转轴、弹簧、凸轮、绝缘垫板、动触点、静触点、接线端子、绝缘杆等组成。

4. 转换开关的符号

转换开关的符号如图 4-4 所示。

5. 转换开关的选用

转换开关应根据电源种类、电压等级、所需触点数、接线方式和负载容量进行选用。用于直接控制异步电动机的启动和正/反转时，开关的额定电流一般取电动机额定电流的 1.5~2.5 倍。

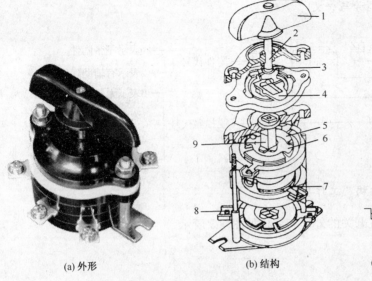

(a) 外形   (b) 结构

图 4-3 HZ10—10/3 转换开关

(a) 单极   (b) 三极

图 4-4 转换开关的符号

1—手柄；2—转轴；3—弹簧；4—凸轮；5—绝缘垫板；6—动触点；

7—静触点；8—接线端子；9—绝缘杆

HZ10 系列的转换开关为全国统一设计产品，其主要技术数据见表 4-2。

表 4-2 HZ10 系列转换开关基本技术参数

型号	额定电压 /V	额定电流 /A	极数	极限操作电流/A		可控制电动机最大容量和额定电流		在额定电压、电流下通断次数	
				接通	分断	最大容量 /kW	额定电流 /A	交流 λ	
								≥0.8	≥0.3
HZ10-10	交流 380	6	单极	94	62	3	7	20 000	10 000
		10							
HZ10-25		25	2、3	155	108	5.5	12		
HZ10-60		60							
HZ10-100		100						10 000	5 000

知识 3 低压断路器

低压断路器又称自动空气开关。分为框架式 DW 系列（又称万能式）和塑壳式 DZ 系列（又称装置式）两大类。主要在电路正常工作条件下作为电路的不频繁接通和分断用，并在电路发生过载、短路及失压时能自动分断电路。

1. 低压断路器的用途

低压断路器主要用于不频繁地接通和断开电路及控制电动机的运行。当电路发生短路、过载和失压等故障时，能自动切断故障电路，保护电路和电气设备。

2. 低压断路器的型号与含义

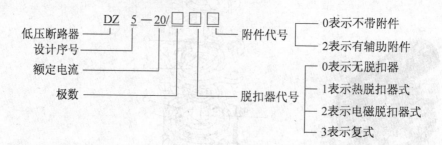

低压断路器
设计序号
额定电流
极数

附件代号 ── 0表示不带附件
　　　　　 2表示有辅助附件

脱扣器代号 ── 0表示无脱扣器
　　　　　　 1表示热脱扣器式
　　　　　　 2表示电磁脱扣器式
　　　　　　 3表示复式

DZ　5-20/□□□

3. 低压断路器的结构及工作原理

DZ5-20 型自动空气开关的外形和结构如图 4-5 所示。

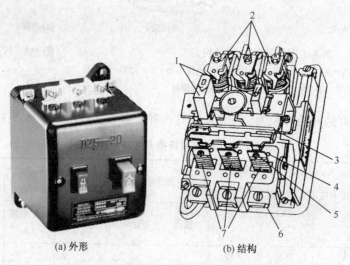

(a) 外形　　　　　(b) 结构

图 4-5　DZ5-20 型低压断路器
1—按钮；2—电磁脱扣器；3—自由脱扣器；4—动触点；5—静触点；
6—接线柱；7—热脱扣器

　　低压断路器工作原理图如图 4-6 所示。低压断路器的主触点是靠手动操作或电动合闸的。主触点闭合后，自由脱扣机构将主触点锁在合闸位置上。电磁脱扣器的线圈和热脱扣器的热元件与主电路串联，欠电压脱扣器的线圈和电源并联。当电路发生短路或严重过载时，电磁脱扣器的衔铁吸合，使自由脱扣机构动作，主触点断开主电路。当电路过载时，热脱扣器的热元件发热使双金属片上弯曲，推动自由脱扣机构动作。当电路欠电压时，欠电压脱扣器的衔铁释放，也使自由脱扣机构动作。分励脱扣器则作为远距离控制用，在正常工作时，其线圈是断电的，在需要距离控制时，按下启动按钮，使线圈通电，衔铁带动自由脱扣机构动作，使主触点断开。

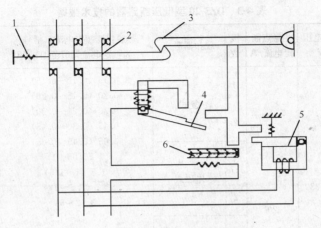

图 4-6 低压断路器的工作原理图

1—弹簧；2—触点；3—搭钩；4—电磁脱扣器；5—欠电压脱扣器；

6—热脱扣器

4. 低压断路器的符号

低压断路器的符号如图 4-7 所示。

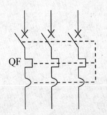

图 4-7 低压断路器的符号

5. 低压断路器的选用

1）低压断路器的额定电压和额定电流大于等于电路的正常工作电压和计算负载电流。

2）热脱扣器的整定电流等于所控制负载的额定电流。

3）电磁脱扣器的瞬时脱扣整定电流大于负载电路正常工作时的峰值电流。用于控制电动机的断路器，其瞬时脱扣整定电流按下式选取：

$$I_Z \geqslant K I_{st}$$

式中，K 为安全系数，取 $1.5 \sim 1.7$；I_{st} 为电动机的启动电流。

4）欠电压脱扣器的额定电压等于电路的额定电压。

DZ5-20 型自动空气开关的技术数据见表 4-3。

表 4-3　DZ5-20 型低压断路器的技术数据

型　号	额定电压/V	主触点额定电流/A	极数	脱扣器形式	热脱扣器额定电流（括号内为整定电流调节范围）/A	电磁脱扣器瞬时动作整定值/A
DZ5-20/330			3	复式	0.15（0.10～0.15） 0.20（0.15～0.20） 0.30（0.20～0.30） 0.45（0.30～0.45） 0.65（0.45～0.65）	
DZ5-20/230			2			
DZ5-20/320			3	电磁式	1（0.65～1） 1.5（1～1.5） 2（1.5～2） 3（2～3）	为电磁脱扣器额定电流的 8～12 倍（出厂时整定于 10 倍）
DZ5-20/220	交流 380	20	2			
DZ5-20/310	直流 220		3	热脱扣器样式	4.5（3～4.5） 6.5（4.5～6.5） 10（6.5～10） 15（10～15） 20（15～20）	
DZ5-20/210			2			
DZ5-20/300			3	无脱扣器式		
DZ5-20/200			2			

做一做

实训　低压开关的拆装与维修

1. 实训目的

1) 熟悉常用低压开关的外形和基本结构。
2) 能正确拆卸、组装及排除常见故障。

2. 实训所需器材

1) 工具：尖嘴钳、螺钉旋具、活络扳手、镊子等。
2) 仪表：MF47 型万用表、ZC25B-3 型兆欧表。
3) 器材：刀开关（HK1）、转换开关（HZ10-25）和低压断路器（DZ5-20、DW10 各一只）。

3. 实训内容

1) 电器元件识别。
2) 各种低压开关的拆装、维修及校验。

4. 实训步骤及工艺要求

1) 卸下手柄紧固螺钉，取下手柄。

2）卸下支架上紧固螺母，取下顶盖、转轴弹簧和凸轮等操作机构。

3）抽出绝缘杆，取下绝缘垫板上盖。

4）拆卸三对动、静触点。

5）检查触点有无烧毛、损坏，视损坏程度的大小进行修理或更换。

6）检查转轴弹簧是否松脱和消弧垫是否有严重磨损，根据实际情况确定是否调换。

7）将任一相的动触点旋转 90°，然后按拆卸的逆序进行装配。

8）装配时，应注意动、静触点的相互位置是否符合改装要求及叠片连接是否紧密。

9）装配结束时，先用万用表测量各对触点的通断情况。

5. 注意事项

1）拆卸时，应备有盛放零件的容器，以防丢失零件。

2）拆卸过程中，不允许硬撬，以防损坏电器。

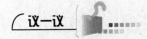 **议一议**

各种低压开关拆装时的顺序。

 **练一练**

1. 怎样拆装各种低压开关？
2. 在拆装各种低压开关时应注意哪些问题？
3. 在拆装各种低压开关过程中应掌握哪些技巧？

评一评

请对自己完成任务的情况进行评估，填写下表。

任务检测与分析

检测项目	评分标准	分值	学生自评	教师评估
元件识别	①写错或漏写名称，每只扣4分 ②写错或漏写型号，每只扣2分	20		
刀开关	①损坏电器元件或不能装配，扣10分 ②丢失或漏装零件，每只扣5分 ③拆装方法、步骤不正确，每次扣3分 ④装配后转动不灵活，扣10分 ⑤不能进行通电校验，扣4分 ⑥通电试验不成功，每次扣5分	20		
组合开关	①损坏电器元件或不能装配，扣10分 ②丢失或漏装零件，每只扣5分 ③拆装方法、步骤不正确，每次扣3分 ④装配后转动不灵活，扣10分 ⑤不能进行通电校验，扣4分 ⑥通电试验不成功，每次扣5分	30		

续表

检测项目	评分标准	分值	学生自评	教师评估
自动空气开关	①损坏电器元件或不能装配，扣10分 ②丢失或漏装零件，每只扣5分 ③拆装方法、步骤不正确，每次扣3分 ④装配后转动不灵活，扣10分 ⑤不能进行通电校验，扣4分 ⑥通电试验不成功，每次扣5分	30		
安全文明生产	违反安全文明生产规程，扣5～40分			
定额时间 2h	按每超时 5min 扣 5 分计算			
备注	除定额时间外，各项目的最高扣分不应超过配分			
开始时间	结束时间		实际时间	

任务二　熔　断　器

- 了解常用熔断器的结构特点。
- 熟记熔断器的文字和图形符号。
- 掌握常用熔断器的用途、型号和选择方法。

任务教学方式

教学步骤	时间安排	教学方式
阅读教材	课余	自学、查资料、相互讨论
知识讲解	4 课时	重点讲授熔断器的用途、常用品种的型号、规格、文字与图形符号、选择方法
操作技能	2 课时	实物拆装与维修，采取学生训练和教师指导相结合

知识　熔断器的基本内容

1. 熔断器的用途

熔断器主要用于低压电路的短路保护。

2. 熔断器的结构与保护（熔断）特性

（1）熔断器的结构

熔断器主要由熔体、安装熔体的熔管和熔座三部分组成。

（2）熔断器保护（熔断）特性

熔断器的保护（熔断）特性曲线如图 4-8 所示。

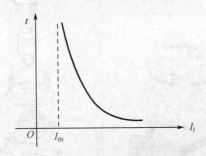

图 4-8　熔断器的时间-电流特性

熔断时间与熔体电流成反比。熔体电流小于等于熔体额定电流 I_{fN} 时，不会熔断、可以长期工作。熔断器的熔化电流与熔化时间的关系见表 4-4，I_N 为电动机的额定电流。

表 4-4　熔断器的熔化电流与熔化时间

熔断电流	$1.25I_N$	$1.6I_N$	$2.0I_N$	$2.5I_N$	$3.0I_N$	$4.0I_N$	$8.0I_N$
熔断时间	∞	1h	40s	8s	4.5s	2.5s	1s

3. 熔断器的类型

熔断器分为插入式熔断器、螺旋式熔断器、管式（无填料封闭管式、填料封闭管式）熔断器和速熔式熔断器。

（1）插入式熔断器

插入式熔断器的结构如图 4-9 所示。

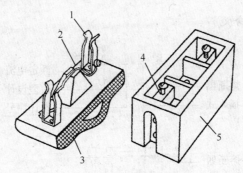

图 4-9　插入式熔断器

1—动触点；2—熔体；3—瓷盖；4—静触点；5—瓷座

（2）螺旋式熔断器

螺旋式熔断器的外形和结构如图 4-10 所示。

（3）密闭管式熔断器（无填料封闭管式）

密闭管式熔断器的结构如图 4-11 所示。

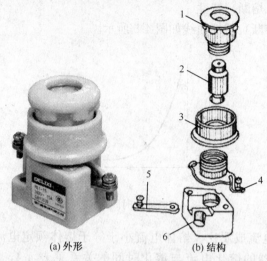

(a) 外形　　(b) 结构

图 4-10　螺旋式熔断器

1—瓷帽；2—熔体；3—瓷套；4—上接线端；5—下接线端；6—底座

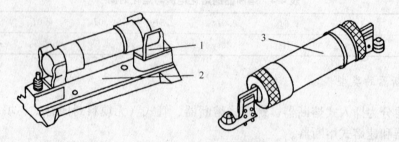

图 4-11　密闭管式熔断器

1—夹座；2—底座；3—熔体

4. 熔断器的型号与含义

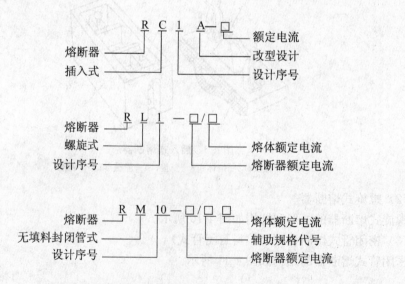

5. 熔断器的符号

熔断器的符号如图 4-12 所示。

图 4-12　熔断器
的符号

6. 熔断器的选用

（1）熔断器的选择

1）根据使用环境和负载性质选择适当类型的熔断器。

2）熔断器的额定电压大于等于电路的额定电压。

3）熔断器的额定电流大于等于所装熔体的额定电流。

4）上、下级电路保护熔体的配合应有利于实现选择性保护。

（2）熔体额定电流的选择

1）照明或阻性负载，熔体额定电流大于等于负载的工作电流。

2）单台电动机启动 $I_{fN} \geq (1.5 \sim 2.5) I_N$。

3）多台电动机不同时启动，

$$I_{fN} \geq (1.5 \sim 2.5) I_{Nmax} + \sum I_N$$

式中，I_{fN}——熔体的额定电流（A）；

　　　I_N——电动机的额定电流（A）。

常见熔断器的主要技术数据见表 4-5。

表 4-5　常见熔断器的主要技术参数

类别	型号	额定电压/V	额定电流/A	熔体额定电流等级/A	极限分断能力/kA	功率因数
插入式熔断器	AC1A	380	5	2、5	2.25	0.8
			10	2、4、5、10	0.5	
			15	6、10、15		
			30	20、25、30	1.5	0.7
			60	40、50、60		0.6
			100	80、100	3	
			200	120、150、200		
螺旋式熔断器	RL1	500	15	2、4、6、10、15	2	≥0.3
			60	20、25、30、35、40、50、60	2.5	
			100	60、80、100	20	
			200	100、125、150、200	50	
	RL2	500	25	2、4、6、10、15、20、25	1	
			60	25、35、50、60	2	
			100	80、100	3.5	
无填料封管式熔断器	RM10	380	15	6、10、15	1.2	0.8
			60	15、20、25、35、45、60	3.5	0.7
			100	60、80、100		>0.3
			200	100、125、160、200	10	
			350	200、225、260、300、350		
			600	350、430、500、600	12	0.5

实训　熔断器的识别与维修

1. 实训目的

1）熟悉常用熔断器的外形和基本结构。
2）掌握常用熔断器的故障处理方法。

2. 实训所需器材

1）工具：尖嘴钳、螺钉旋具。
2）仪表：MF47型万用表一只。
3）器材：在RC1A、RL1、RL2、RM10等系列中，每个系列中选取多个不同规格的熔断器。具体规格可由指导教师根据实际情况给出。

3. 实训内容

1）熔断器识别。
2）更换RC1A系列或RL1系列熔断器的熔体。

4. 实训步骤及工艺要求

1）在教师指导下，仔细观察各种不同类型、规格的熔断器的外形和结构特点。
2）检查所给熔断器的熔体是否完好，对RC1A型，可拔下瓷盖进行检查；对RL1型，应首先查看其熔断指示器。
3）若熔体已熔断，应按原规格选配熔体。
4）更换熔体。对RC1A系列熔断器，安装熔丝时熔丝缠绕方向要正确，安装过程中不得损伤熔丝。对RL1系列熔断器，熔断管不能倒装。
5）用万用表检查更换熔体后的熔断器各部分接触是否良好。

螺旋式熔断器熔体的特点。

1. 怎样选择各种规格的熔断器？
2. 各种型号的熔断器有哪些适用场合？
3. 更换各种规格熔断器的熔体时有哪些注意问题？

请对自己完成任务的情况进行评估，并填写下表。

任务检测与分析

检测项目	评分标准	分值	学生自评	教师评估
熔断器识别	①写错或漏写名称，每只扣5分 ②写错或漏写型号，每只扣5分 ③漏写每个主要部件，扣4分	50		
更换熔体	①检查方法不正确，扣10分 ②不能正确选配熔体，扣10分 ③更换熔体方法不正确，扣10分 ④损伤熔体，扣20分 ⑤更换熔体后熔断器断路，扣4分	50		
安全文明生产	违反安全文明生产规程，扣5~40分			
定额时间60min	按每超时5min扣5分计算			
备注	除定额时间外，各项目的最高扣分不应超过配分			
开始时间	结束时间		实际时间	

任务三　主令电器

- 了解主令电器的结构和工作原理。
- 熟记主令电器的文字和图形符号。
- 掌握主令电器的用途、型号和选择方法。

 任务教学方式

教学步骤	时间安排	教学方式
阅读教材	课余	自学、查资料、相互讨论
知识讲解	8课时	重点讲授主令电器的用途、常用品种的型号、规格、文字与图形符号、选择方法
操作技能	2课时	实物拆装与维修，采取学生训练和教师指导相结合

　　主令电器是用作切换控制电路，以发出指令或作程序控制的操纵电器。常用的主令电器有按钮开关、位置开关、万能转换开关和主令控制器等。

知识 1　按钮

1. 按钮的用途

按钮是一种手动操作接通或断开小电流控制电路的主令电器。它不直接控制主电路的通断，而是在利用按钮远距离发出手动指令或信号去控制接触器、继电器等，实现主电路的通断、功能转换或电气联锁。

2. 按钮的型号与含义

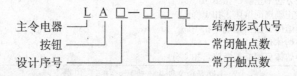

3. 按钮的结构

按钮的外形和结构如图 4-13 和图 4-14 所示，主要由静触点、动触点、复位弹簧、按钮帽、外壳等组成。

（a）　　　　（b）　　　　（c）

图 4-13　按钮的外形

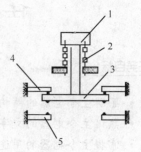

图 4-14　按钮的结构

1—按钮帽；2—复位弹簧；3—动触点；
4—常闭触点；5—常开触点

4. 按钮的符号

按钮的符号如图 4-15 所示。

（a）常开按钮　　　　（b）常闭按钮　　　　（c）复合按钮
（启动按钮）　　　　（停止按钮）

图 4-15　按钮的符号

5. 按钮的选用

1）根据使用场合和具体用途选择按钮开关的种类。

2）根据工作状态指示和工作情况要求，选择按钮的颜色。启动按钮选用绿或黑色，停止按钮或紧急停止按钮选用红色。

常用按钮的主要技术数据见表 4-6。

表 4-6 常用按钮的主要技术数据

型号	形式	触点数量		额定电压、电流和控制容量	按　　钮	
		常开	常闭		钮数	颜色
LA10-1	元件	1	1		1	黑、绿、红
LA10-1K	开启式	1	1		1	黑、绿、红
LA10-2K	开启式	2	2		2	黑、红或绿、红
LA10-3K	开启式	3	3		3	黑、绿、红
LA10-1H	保护式	1	1	电压：	1	黑、绿或红
LA10-2H	保护式	2	2	AC380V	2	黑、红或绿、红
LA10-3H	保护式	3	3	DC220V	3	黑、绿、红
LA10-1S	防水式	1	1		1	黑、绿或红
LA10-2S	防水式	2	2		2	黑、红或绿、红
LA10-3S	防水式	3	3		3	黑、绿、红
LA10-2F	防腐式	2	2		2	黑、红或绿、红
LA18-22J	紧急式	2	2		1	红
LA18-44J	紧急式	4	4		1	红
LA18-66J	紧急式	6	6		1	红
LA18-22X_2	旋钮式	2	2	电流：5A	1	黑
LA18-22X_3	旋钮式	2	2		1	黑
LA18-44X	旋钮式	4	4		1	黑
LA18-66X	旋钮式	6	6	容量：	1	黑
LA18-22Y	钥匙式	2	2	AC300VA	1	锁心本色
LA18-44Y	钥匙式	4	4	DC60W	1	锁心本色
LA18-66Y	钥匙式	6	6		1	锁心本色

知识2　位置开关

1. 位置开关的用途

位置开关又称行程开关或限位开关，它的作用是将机械位移转变为电信号，使电动机运行状态发生改变，即按一定行程自动停车、反转、变速或循环，从而控制机械运动或实现安全保护。位置开关包括行程开关、限位开关、微动开关及由机械部件或机械操作的其他控制开关。

2. 位置开关的型号与含义

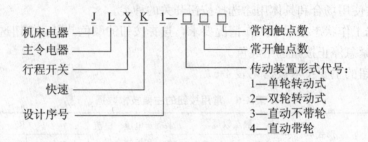

机床电器 —— J
主令电器 —— L
行程开关 —— X
快速 —— K
设计序号 —— 1

常闭触点数
常开触点数
传动装置形式代号：
1—单轮转动式
2—双轮转动式
3—直动不带轮
4—直动带轮

3. 位置开关的结构

JLXK1 系列行程开关外形如图 4-16 所示；JLXK1 系列行程开关的结构和动作原理如图 4-17 所示。JLXK1 系列行程开关主要由滚轮、杠杆、转轴、复位弹簧、撞块、微动开关、凸轮、调节螺钉等组成。

(a)JLXK1-311 按钮式　　(b)JLXK1-单轮旋转式　　(c)JLXK1-双轮旋转式

图 4-16　JLXK1 系列位置开关

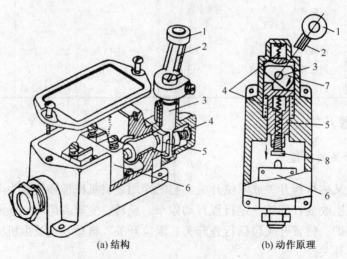

(a) 结构　　　　(b) 动作原理

图 4-17　JLXK1 系列位置开关的结构和动作原理

1—滚轮；2—杠杆；3—转轴；4—复位弹簧；5—撞块；6—微动开关；7—凸轮；8—调节螺钉

4. 位置开关的符号

位置开关的符号如图 4-18 所示。

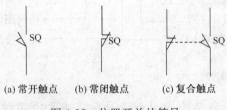

(a) 常开触点　　(b) 常闭触点　　(c) 复合触点

图 4-18　位置开关的符号

5. 位置开关的选用

位置开关主要根据动作要求、安装位置及触点数量进行选择。
LX19 和 JLXK1 系列位置开关的主要技术数据见表 4-7。

表 4-7　LX19 和 JLXK1 系列位置开关的主要技术数据

型号	额定电压 额定电流	结构特点	触点对数		工作 行程	超行程	触点转 换时间
			常开	常闭			
LX19		元件	1	1	3mm	1mm	
LX19-111		单轮，滚轮装在传动杆内侧，能自动复位	1	1	～30°	～20°	
LX19-121		单轮，滚轮装在传动杆外侧，能自动复位	1	1	～30°	～20°	
LX19-131		单轮，滚轮装在传动杆凹槽内，能自动复位	1	1	～30°	～20°	
LX19-212	380V 5A	双轮，滚轮装在 U 形传动杆内侧，不能自动复位	1	1	～35°	～15°	≤0.04s
LX19-222		双轮，滚轮装在 U 形传动杆外侧，不能自动复位	1	1	～35°	～15°	
LX19-232		双轮，滚轮装在 U 形传动杆内外侧各一个，不能自动复位	1	1	～35°	～15°	
LX19-001		无滚轮，仅有径向传动杆，能自动复位	1	1	＜4mm	3mm	
JLXK1-111		单轮防护式	1	1	12～15°	≤30°	
JLXK1-211	500V 5A	双轮防护式	1	1	～45°	≤45°	≤0.04s
LXK1-311		直动防护式	1	1	1～3mm	2～4mm	
JLXK1-411		直动滚轮防护式	1	1	1～3mm	2～4mm	

知识 3　万能转换开关

1. 万能转换开关的用途

万能转换开关可同时控制许多条（最多可达 32 条）通断要求不同的电路，而且具有多个挡位，广泛应用于交直流控制电路、信号电路和测量电路，亦可用于小容量电动机的启动、反向和调速。由于其换接的电路多，用途广，故有"万能"之称。万能转换开关以手柄旋转的方式进行操作，操作位置有 2～12 个，分定位式和自动复位式两种。

2. 万能转换开关的型号与含义

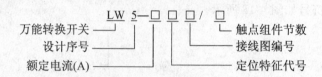

3. 万能转换开关的结构

万能转换开关的外形和结构如图 4-19 所示，主要由接触系统、操作机构、转轴、手柄、定位机构等组成。

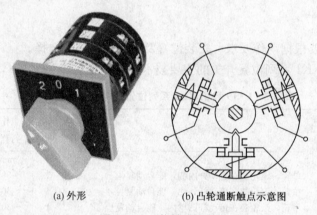

(a) 外形　　　　　　(b) 凸轮通断触点示意图

图 4-19　万能转换开关

4. 万能转换开关的符号

万能转换开关的符号如图 4-20 所示。

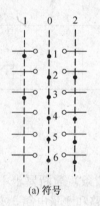

触点号	1	0	2
1	×	×	
2		×	×
3	×	×	
4		×	×
5		×	×
6		×	×

(a) 符号　　　　　　(b) 触点分合表

图 4-20　万能转换开关的符号

5. 万能转换开关的选用

万能转换开关主要根据用途、接线方式、所需触点挡数和额定电流来选择。

6. 万能转换开关的安装与使用

1）万能转换开关的安装位置应与其他电器元件或机床的金属部件有一定间隙，以免在通断过程中因电弧喷出而发生对地短路故障。

2）万能转换开关一般应水平安装在屏板上，但也可以倾斜或垂直安装。

3）万能转换开关用来控制电动机时，LW5 系列只能控制 5.5kW 以下的小容量电动机。若用于控制电动机的正反转，则只有在电动机停止后才能反向启动。

4）万能转换开关本身不带保护，使用时必须与其他电器配合。

5）当万能转换开关有故障时，必须立即切断电路，检查有无妨碍可动部分正常转动的故障，检查弹簧有无变形或失效，触点工作状态和触点状况是否正常等。

知识4 主令控制器

1. 主令控制器的用途

主令控制器主要用于电力拖动系统中，按一定操作程序分合触点，向控制系统发出指令，通过接触器达到控制电动机的启动、制动、调速及反转的目的，同时也可实现控制电路的联锁作用（用于起重设备的磁力控制）。凸轮非调整式主令控制器，是一种采用机械传动杠杆手动操作方式的多挡位、多控制回路的控制电器。

2. 主令控制器的型号与含义

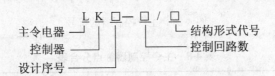

3. 主令控制器的结构

主令控制器的外形和结构如图 4-21 所示，主要由接触系统、操作机构、转轴、手柄、定位机构等部件组成。

4. 主令控制器的符号

主令控制器的符号如图 4-22 所示。主令控制器触点分合表见表 4-8。

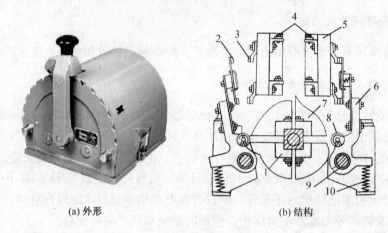

(a) 外形　　　　　　　　　(b) 结构

图 4-21　LK1 系列主令控制器

1—方形转轴；2—动触点；3—静触点；4—接线柱；5—绝缘板；6—支架；
7—凸轮块；8—小轮；9—转动轴；10—复位弹簧

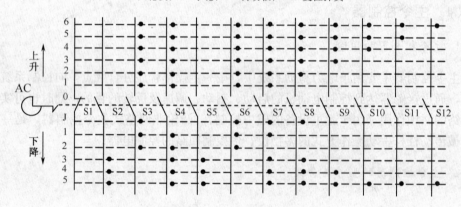

图 4-22　主令控制器的符号

表 4-8　主令控制器触点分合表

触点	下降						0	上升					
	5	4	3	2	1	J		1	2	3	4	5	6
S1							×						
S2	×	×	×										
S3				×	×	×		×	×	×	×	×	×
S4	×	×	×	×	×			×	×	×	×	×	×
S5	×	×	×										
S6				×	×			×	×	×	×	×	×
S7	×	×	×		×	×		×	×	×	×	×	×
S8	×	×	×			×		×	×	×	×	×	×
S9	×	×								×	×	×	×
S10	×									×	×	×	×
S11	×											×	×
S12	×												×

5. 主令控制器的选用

1）根据控制电源、控制支路数，确定额定电压和额定电流。
2）根据使用环境选择防护形式。
3）根据控制要求选择控制回路数及操作档位。
4）根据触点合断表特征确定产品型号。
5）根据操作方式选择凸轮调整式或非调整式。
LK1 和 LK14 系列主令控制器的主要技术参数见表 4-9。

表 4-9　LK1 和 LK14 系列主令控制器的主要技术参数

型　号	额定电压/V	额定电流/A	控制电路数	接通与分断能力/A	
				接通	分断
LK1-12/90 LK1-12/96 LK1-12/97	380	15	12	100	15
LK14-12/90 LK14-12/96 LK14-12/97	380	15	12	100	15

实训　主令电器的识别与检修

1. 实训目的

1）熟悉常用主令电器的外形、基本结构和作用。
2）能正确地拆卸、组装及检修常用主令电器。

2. 实训所需器材

1）工具：尖嘴钳、螺钉旋具、活络扳手。
2）仪表：MF47 型万用表一只。
3）器材：不同规格的按钮、行程开关、万能转换开关和主令控制器（具体规格可由指导教师根据实际情况给出）。

3. 实训内容

1）主令电器识别。
2）主令控制器的基本结构与测量

4. 实训步骤及工艺要求

1）在教师指导下，仔细观察各种不同种类、不同结构形式的主令电器外形和结构特点。

2) 由指导教师从所给主令电器中任选五种，用胶布盖住型号并加以编号，由学生根据实物写出其名称、型号及结构形式，填入表 4-10 中。

表 4-10　主令电器的识别

序号	1	2	3	4	5
名称					
型号					
结构形式					

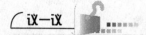 议一议

主令控制器的测量方法。

 练一练

1. 怎样选择各种规格的主令电器？
2. 各种型号的主令电器有哪些适用场合？
3. 主令控制器的测量有哪些注意事项？

 评一评

请对自己完成任务的情况进行评估，并填写下表。

任务检测与分析

检测项目	评分标准	分值	学生自评	教师评估
元件识别	①写错或漏写名称，每只扣5分 ②写错或漏写型号，每只扣5分 ③漏写每个主要部件，扣4分	40		
主令控制器的测量	①仪表使用方法错误，扣10分 ②测量结果错误，每次扣5分 ③作不出触点分合表，扣20分 ④触点分合表错误，每处扣20分	30		
主令控制器的动作原理	①检查方法不正确，扣10分 ②不能正确选配熔体，扣10分 ③更换熔体方法不正确，扣10分	30		
安全文明生产	违反安全、文明生产规程，扣5～40分			
定额时间90min	按每超时5min扣5分计算			
备注	除定额时间外，各项目的最高扣分不应超过配分数		成绩	
开始时间	结束时间		实际时间	

任务四　接　触　器

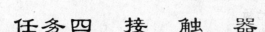**任务目标**

- 了解接触器的结构。
- 熟记接触器的文字和图形符号。
- 掌握接触器的用途、型号、工作原理和选择方法。

任务教学方式

教学步骤	时间安排	教学方式
阅读教材	课余	自学、查资料、相互讨论
知识讲解	6课时	重点讲授接触器的结构、用途、型号与常用规格，文字与图形符号，选择方法
操作技能	2课时	实物拆装与维修，采取学生训练和教师指导相结合

**读一读**

接触器适用于远距离频繁地接通或断开交直流主电路及大容量控制电路。它不仅具有远距离自动操作和欠电压、零电压释放保护功能，而且具有控制容量大、操作频率高、工作可靠、性能稳定、使用寿命长等优点，因而在电力拖动系统中得到了广泛应用。

接触器按主触点的电流种类，分为交流接触器和直流接触器。

知识1　交流接触器

1. 交流接触器的用途

交流接触器主要用于远距离频繁地接通或断开交直流主电路及大容量控制电路，还具有欠压、失压保护，同时有自锁、联锁的功能。

2. 交流接触器的型号与含义

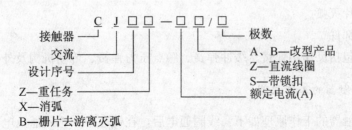

3．交流接触器的结构

交流接触器的结构和工作原理示意图如图 4-23 所示。交流接触器主要由电磁系统、触点系统、灭弧装置及辅助部件等组成。

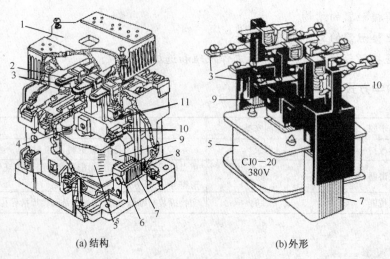

(a) 结构　　　　　　　　　　　(b) 外形

图 4-23　交流接触器的结构和工作原理

1—灭弧罩；2—触点压力弹簧片；3—主触点；4—反作用弹簧；5—线圈；6—短路环；
7—静铁心；8—弹簧；9—动铁心；10—辅助常开触点；11—辅助常闭触点

（1）电磁机构

电磁机构由线圈、动铁心（衔铁）和静铁心组成，其作用是将电磁能转换成机械能，产生电磁吸力带动触点动作。

（2）触点系统

触点系统包括主触点和辅助触点。主触点用于通断主电路，通常为三对常开触点。辅助触点用于控制电路，起电气联锁作用，故又称联锁触点，一般常开、常闭各两对。

（3）灭弧装置

容量在 10A 以上的接触器都有灭弧装置，对于小容量的接触器，常采用双断口触点灭弧、电动力灭弧、相间弧板隔弧及陶土灭弧罩灭弧。对于大容量的接触器，采用纵缝灭弧罩及栅片灭弧。

（4）其他部件

其他部件包括反作用弹簧、缓冲弹簧、触点压力弹簧、传动机构及外壳等。

4．交流接触器的工作原理

电磁式接触器的工作原理如下：线圈通电后，在铁心中产生磁通及电磁吸力。此电磁吸力克服弹簧反力使得衔铁吸合，带动触点机构动作，常闭触点打开，常开触点闭合，互锁或接通电路。线圈失电或线圈两端电压显著降低时，电磁吸力小于弹簧的反作用力，使得衔铁释放，触点机构复位，此时断开电路或解除互锁。

5. 交流接触器的符号

交流接触器的符号如图 4-24 所示。

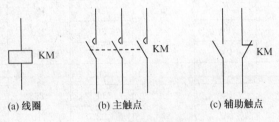

| (a) 线圈 | (b) 主触点 | (c) 辅助触点 |

图 4-24 接触器的符号

6. 交流接触器的选用

(1) 选择接触器的类型
根据接触器所控制的电动机及负载电流类别来选择相应的接触器类型。
(2) 选择接触器主触点的额定电压
接触器主触点的额定电压大于等于负载回路的额定电压。
(3) 选择接触器主触点的额定电流
接触器控制电阻性负载时，主触点的额定电流等于负载的额定电流。
控制电动机时，主触点的额定电流应大于或稍大于电动机的额定电流。
按下列经验公式计算选择（仅适用于 CJ0、CJ10 系列）：

$$I_C = \frac{P_N \times 10^3}{KU_N}$$

式中，K——经验系数，一般取 1～1.4；

$\quad\quad P_N$——被控制电动机的额定功率（kW）；

$\quad\quad U_N$——被控制电动机的额定电压（V）；

$\quad\quad I_C$——接触器主触点电流（A）。

接触器若使用在频繁启动、制动及正反转的场合，应将接触器主触点的额定电流降低一个等级使用。
(4) 选择接触器吸引线圈的电压
交流线圈：36、110、127、220、380V。
直流线圈：24、48、110、220、440V。
(5) 选择接触器的触点数量及触点类型
CJ 系列交流接触器的技术指标见表 4-11。

表 4-11　CJ 系列交流接触器主要技术指标

型　号	触点额定电压/V	主触点额定电流/A	辅助触点额定电流/A	可控电动机功率/kW	吸引线圈电压/V	吸引线圈消耗功率/VA	
						启动功率	吸持功率
CJ10-10		10		4	36	65	11
CJ10-20		20		10	110	140	22
CJ10-40	380	40	5	20	127	230	32
CJ10-60		60		30	220	495	70
CJ10-100		100		50	380		
CJ20-10		10		4		65	8.3
CJ20-25		25		11	36	93.1	13.9
CJ20-40	380	40	5	22	110	175	19
CJ20-63		63		30	127	480	57
CJ20-100		100		50	220	570	61
CJ20-160		160		85	380	855	82

知识 2　直流接触器

1. 直流接触器的用途

直流接触器主要用于远距离地接通和分断额定电压 440V、额定电流为 600A 的直流电路或频繁地操作直流电动机的一种自动控制电器；适用于直流电动机的频繁启动、停止、换向及反接制动。

2. 直流接触器的型号与含义

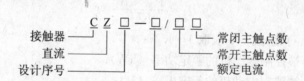

3. 直流接触器的结构

直流接触器的结构如图 4-25 所示。直流接触器主要由电磁系统、触点系统和灭弧装置三部分组成。

（1）电磁机构

电磁机构由线圈、动铁心（衔铁）和静铁心组成，其作用是将电磁能转换成机械能，产生电磁吸力带动触点动作。

（2）触点系统

直流接触器的触点有主触点和辅助触点。主触点通断电流大，采用滚动接触的指形触点。辅助触点通断电流小，采用双断点桥式触点。

图 4-25　直流接触器的结构图

（3）灭弧装置

直流接触器常采用磁吹式灭弧装置。在电磁吸力的作用下迅速拉长电弧，适用于熄灭直流电弧。

常用的直流接触器有 CZ0 与 CZ18 等系列。CZ18 系列是取代 CZ0 系列的新产品，其主要技术数据见表 4-12。

表 4-12　CZ18 系列直流接触器的主要技术数据

额定电压 /V	额定电流 /A	主触点接通与分断能力		额定操作频率 / （次/h）	辅助触点			吸合电压	释放电压
		接通	分析		组合情况	额定发热电流/A	电寿命/万次		
440	40	$4I_N$，1.1U_N25 次	$4I_N$，1.1U_N25 次	1200	2 常开，2 常闭	6	50	（85%～110%）U_N	（10%～75%）U_N
	80								
	160								
	315			600		10	30		
	640								

做一做

实训　交流接触器的拆装与检修

1．实训目的

1）熟悉交流接触器的拆卸与装配工艺。

2）能正确检修交流接触器的常见故障。

2．实训所需器材

1）工具：尖嘴钳、螺钉旋具、电工刀、剥线钳、镊子等。

2）仪表：MF47 型万用表一只。

3）器材：不同规格的交流接触器（具体规格可由指导教师根据实际情况给出）。

3. 实训内容

1）交流接触器的拆卸与装配。

2）交流接触器常见故障的检修。

4. 实训步骤及工艺要求

（1）拆装

图 4-26 所示为 CJ10-10 交流接触器的内部结构。

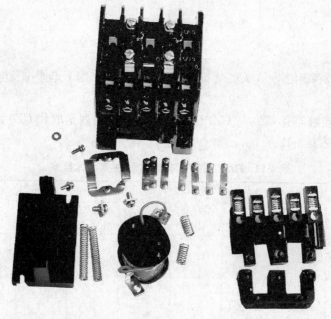

图 4-26   CJ10-10 交流接触器的内部结构

1）松掉灭弧罩的紧固螺钉，取下灭弧罩。

2）拉紧主触点的定位弹簧夹，取下主触点及主触点的压力弹簧片。拉出主触点时必须将主触点旋转 45°后才能取下。

3）松掉辅助常开静触点的接线桩螺钉，取下常开静触点。

4）松掉接触器底部的盖板螺钉，取下盖板。在松盖板螺钉时，要用手按住盖板，慢慢放松。

5）取下静铁心缓冲绝缘纸片、静铁心、静铁心支架及缓冲弹簧。

6）拔出线圈接线端的弹簧夹片，取出线圈。

7）取出反力弹簧。

8）抽出动铁心和支架。在支架上拔出动铁心的定位销。

9）取下动铁心及缓冲绝缘纸片。

10）拆卸完各部件如图 4-26 所示，仔细观察各零部件的结构特点，并做好记录。

11）按拆卸的逆序进行装配。

（2）检修

1）检查灭弧罩有无破裂或烧损，清除灭弧罩内的金属飞溅物和颗粒。

2）检查触点的磨损程度，磨损严重时应更换触点。若不需更换，则清除触点表面上烧毛的颗粒。

3）清除铁心端面的油垢，检查铁心有无变形及端面接触是否平整。

4）检查触点压力弹簧及反作用弹簧是否变形或弹力不足。如有需要则更换弹簧。

5）检查电磁线圈是否有短路、断路及发热变色现象。

交流接触器的拆卸与装配工艺流程。

1. 怎样选择交流接触器？

2. 直流接触器与交流接触器相比，在结构上有哪些主要区别？

3. 交流接触器的拆卸与装配有哪些注意问题？

请对自己完成任务的情况进行评估，并填写下表。

任务检测与分析

检测项目	评分标准	分值	学生自评	教师评估
拆卸与装配	①拆卸步骤及方法不正确，每次扣5分 ②拆装不熟练，扣5～10分 ③丢失零部件，每件扣10分 ④拆卸后不能组装，扣20分 ⑤损坏零部件，扣20分	50		
检修	①未进行检修或检修无效果，扣30分 ②检修步骤及方法不正确，每次扣10分 ③扩大故障（无法修复），扣30分	50		
安全文明生产	违反安全、文明生产规程，扣5～40分			
定额时间 90min	按每超时5min扣5分计算			
备注	除定额时间外，各项目的最高扣分不应超过配分数		成绩	
开始时间	结束时间		实际时间	

任务五 继 电 器

- 了解常用继电器的主要结构和工作原理。
- 熟记常用继电器的文字和图形符号。
- 掌握常用继电器的用途、型号和选择方法。

任务教学方式

教学步骤	时间安排	教学方式
阅读教材	课余	自学、查资料、相互讨论
知识讲解	8 课时	重点讲授各种继电器的结构、用途、型号与常用规格,文字与图形符号,选择方法
操作技能	2 课时	实物拆装与维修,采取学生训练和教师指导相结合

读一读

继电器是一种根据电量或非电量（如电压、电流、转速、时间等）的变化，接通或断开控制电路，实现自动控制和保护电力拖动装置的电器。一般情况下不直接控制电流较强的主电路，而是通过接触器或其他电器对主电路进行控制。

继电器主要由感测机构、中间机构和执行机构三部分组成。感测机构是反映和接入继电器的输入量，并传递给中间机构，将它与额定整定值相比较，当达到额定值（过量或欠量）时，中间机构便使执行机构动作，从而接通或断开电路。

继电器的工作原理是当某一输入量（如电压、电流、温度、速度、压力等）达到预定数值时，使它动作，以改变控制电路的工作状态，从而实现既定的控制或保护的目的。在此过程中，继电器主要起了传递信号的作用。

知识1 中间继电器

1. 中间继电器的用途

中间继电器是用来传递信号或同时控制多个电路，也可直接用它来控制小容量电动机或其他电气执行元件。

2. 中间继电器的型号与含义

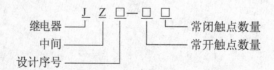

3. 中间继电器的结构

中间继电器的结构如图 4-27 所示，主要由静铁心、短路环、衔铁、常开触点、常闭触点、反作用弹簧、线圈、缓冲弹簧等组成。

4. 中间继电器的符号

中间继电器的符号如图 4-28 所示。

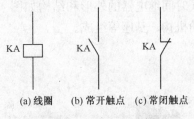

(a) 线圈　　(b) 常开触点　(c) 常闭触点

图 4-27　中间继电器的结构　　　　图 4-28　中间继电器符号

5. 中间继电器的选用

中间继电器主要依据被控制电路的电压等级、所需触点的数量、种类、容量等要求进行选择。

常用中间继电器的技术数据见表 4-13。

表 4-13　常用中间继电器的技术数据

型　号	电压种类	触点电压/V	触点额定电流/A	触点组合		通电持续率/%	吸引线圈电压/V	吸引线圈消耗功率/VA	额定操作频率/(次/h)
				常开	常闭				
JZ7-44	交流	380	5	4	4	40	12、24、36	12	1200
JZ7-62				6	2		48、110、127、380、420、440		
JZ7-80				8	0		500		

知识 2　空气式时间继电器

1. 空气式时间继电器的用途

空气式时间继电器主要用于时间控制，又称其为定时器。利用气囊中的空气通过小孔节流的原理来获得延时动作的。根据触点延时的特点，可分为通电延时动作型和断电延时复位型两种。

2. 空气式时间继电器的型号与含义

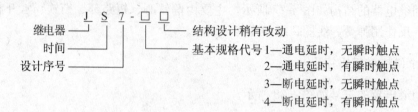

```
        J  S  7 - □ □
继电器 ┘  │  │    │ └── 结构设计稍有改动
时间 ───┘  │    └──── 基本规格代号1—通电延时, 无瞬时触点
设计序号 ──┘                     2—通电延时, 有瞬时触点
                                3—断电延时, 无瞬时触点
                                4—断电延时, 有瞬时触点
```

3. 空气式时间继电器的结构

空气式时间继电器的外形和结构如图 4-29 所示, 主要由电磁系统、触点系统、空气室、传动机构、基座等组成。

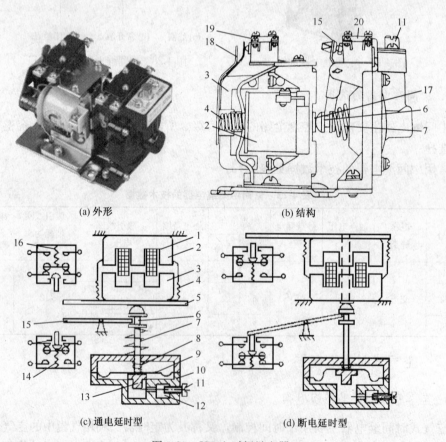

(a) 外形   (b) 结构

(c) 通电延时型   (d) 断电延时型

图 4-29   JS7-A 时间继电器

1—线圈; 2—铁心; 3—衔铁; 4—反力弹簧; 5—推板; 6—活塞杆; 7—塔形弹簧; 8—弱弹簧;
9—橡皮膜; 10—空气室壁; 11—调节螺钉; 12—进气孔; 13—活塞; 14, 16—微动开关;
15—杠杆; 17—推杆; 18—弹簧片; 19—瞬时触点; 20—延时触点

（1）电磁系统

电磁系统由线圈、铁心和衔铁组成。

（2）触点系统

触点系统包括两对瞬时触点（一常开、一常闭）和两对延时触点（一常开、一常闭），瞬时触点和延时触点分别是两个微动开关的触点。

（3）空气室

空气室为一空腔，由橡皮膜、活塞等组成。橡皮膜可随空气的增减而移动，顶部的调节螺钉可调节延时时间。

（4）传动机构

传动机构由推杆、活塞杆、杠杆及各种类型的弹簧等组成。

（5）基座

基座是用金属板制成的，用以固定电磁机构和气室。

4. 空气式时间继电器的符号

空气式时间继电器的符号如图 4-30 所示。

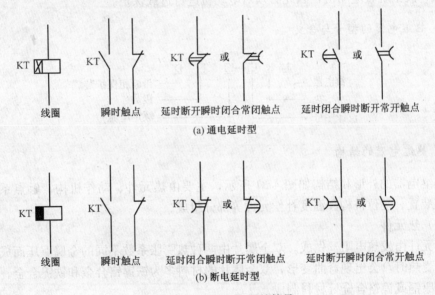

图 4-30 时间继电器的符号

5. 空气式时间继电器的选用

1）根据控制电路的要求选择时间继电器的延时方式（通电延时或断电延时）。同时，还必须考虑电路对瞬时动作触点的要求。

2）根据控制电路电压选择时间继电器吸引线圈的电压。

JS7-A 系列空气式时间继电器的技术数据见表 4-14。

表 4-14　JS7-A 系列空气式时间继电器的技术数据

型号	瞬时动作触点对数		有延时的触点对数				触点额定电压/V	触点额定电流/A	线圈电压/V	延时范围/s	额定操作频率/(次/h)
			通电延时		断电延时						
	常开	常闭	常开	常闭	常开	常闭					
JS7-1A	—	—	1	1			380	5	24、36、110、127、220、380、420	0.4~60 及 0.4~180	600
JS7-2A	1	1	1	1							
JS7-3A	—	—			1	1					
JS7-4A	1	1			1	1					

知识 3　热继电器

1. 热继电器的用途

热继电器主要用于电力拖动系统中电动机负载的过载保护。电动机在实际运行中，常会遇到过载情况，但只要过载不严重、时间短，绕组不超过允许的温升，这种过载是允许的。但如果过载情况严重、时间长，则会加速电动机绝缘的老化，缩短电动机的使用年限，甚至烧毁电动机，因此必须对电动机进行过载保护。

2. 热继电器的型号与含义

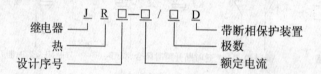

3. 热继电器的结构

热继电器的外形和结构如图 4-31 所示，主要由热元件、动作机构、触点系统、电流整定装置、复位机构和温度补偿元件等部分组成。

（1）热元件

热元件由发热电阻丝做成。双金属片由两种热膨胀系数不同的金属碾压而成，当双金属片受热时，会出现弯曲变形，双金属片的材料多为铁镍铬合金和铁镍合金。电阻丝一般用康铜或镍铬合金等材料制成。

（2）动作机构和触点系统

动作机构利用杠杆传递及弓簧式瞬跳机构来保证触点动作的迅速、可靠。触点为单断点弓簧跳跃式动作，一般为一常开触点、一常闭触点。

（3）电流整定装置

电流整定装置是通过旋钮和电流调节凸轮调节推杆间隙，改变推杆移动距离，从而调节整定电流值。

（4）温度补偿元件

温度补偿元件也为双金属片。

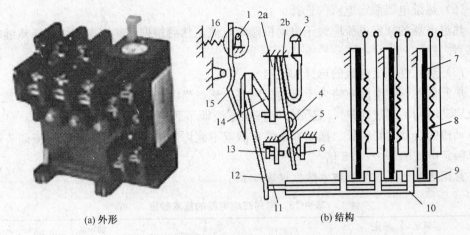

(a) 外形　　　　　　　　　(b) 结构

图 4-31　JR16 系列热继电器

1—电流调节凸轮；2—片簧（2a，2b）；3—手动复位按钮；4—弓簧片；5—动触点；6—常闭静触
点；7—主金属片；8—电阻丝；9—内导板；10—外导板；11—杠杆；12—补偿双金属片；13—复位
调节螺钉；14—推杆；15—连杆；16—压簧

(5) 复位机构

复位机构有手动和自动两种形式，可根据使用要求通过复位调节螺钉来自由调整。一般自动复位时间不大于 5min，手动复位时间不大于 2min。

4. 热继电器工作原理

使用时，把热元件串接于电动机定子绕组电路中，而常闭触点串接于电动机的控制电路中。热继电器就是利用电流的热效应原理，在出现电动机不能承受的过载时切断电动机电路，为电动机提供过载保护的保护电器。当电动机正常运行时，热元件产生的热量虽能使双金属片弯曲，但还不足以使热继电器的触点动作。当电动机过载时，双金属片弯曲位移增大，推动导板使常闭触点断开，从而切断电动机控制电路起保护作用。热继电器动作后一般不能自动复位，要等双金属片冷却后按下复位按钮复位。热继电器动作电流的调节可以借助旋转凸轮在不同位置实现。

5. 热继电器的符号

热继电器的符号如图 4-32 所示。

6. 热继电器的选用

(1) 类型选择

一般情况下，可选用两相结构的热继电器，但当三相电压的均衡性较差，工作环境恶劣或无人看管电动机时，宜选用三相结构的热继电器。对于三角形接线的电动机，应选用带断相保护装置的热继电器。

(a) 热元件　　(b) 常闭触点

图 4-32　热继电器的符号

（2）热继电器额定电流的选择

热继电器的额定电流应大于电动机额定电流，然后根据该额定电流来选择热继电器的型号。

（3）热元件额定电流的选择和整定

热元件的额定电流应略大于电动机额定电流。当电动机启动电流为其额定电流的6倍及启动时间不超过5s时，热元件的整定电流调节到电动机额定电流的0.95～1.05；当电动机的启动时间较长、拖动冲击性负载或不允许停车时，热元件整定电流调节到电动机额定电流的1.1～1.5倍。

常用热继电器的主要技术数据见表4-15。

表 4-15　常用热继电器的技术数据

型号	额定电压/V	额定电流/A	热元件			断相保护	温度补偿	复位方式	动作灵活性检查装置	动作后的指示	触点数量
			最小规格/A	最大规格/A	挡数						
JR16 (JR0)	380	20	0.25~0.35	14~22	12	有					
		60	14~22	10~63	4						
		150	40~63	100~160	4		有	手动或自动	无	无	1常闭、1常开
JR15		10	0.25~0.35	6.8~11	10	无					
		40	6.8~11	30~45	5						
		100	32~50	60~100	3						
		150	68~110	100~150	2						
JR20	660	6.3	0.1~0.15	5~7.4	14	无					
		16	3.5~5.3	14~18	6						
		32	8~12	28~36	6						
		63	16~24	55~71	6	有	有	手动或自动	有	有	1常闭、1常开
		160	33~47	144~170	9						
		250	83~125	167~250	4						
		400	130~195	267~400	4						
		630	200~300	420~630	4						

知识4　速度继电器

1. 速度继电器的用途

速度继电器主要用于检测转速的过零点，多用于反接制动时，切除反相序电源。

2. 速度继电器的型号与含义

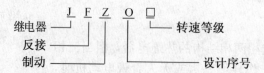

3. 速度继电器的结构

速度继电器的外形和结构如图4-33所示，主要由定子、转子、可动支架、触点系统及端盖等部分组成。

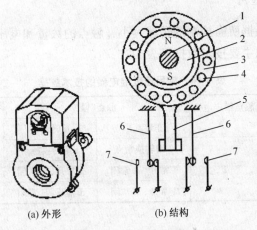

(a) 外形　　　　　(b) 结构

图 4-33　速度继电器

1—电动机轴；2—转子；3—定子；4—定子绕组；

5—胶木摆杆；6—簧片（动触点）；7—静触点

　　速度继电器又称为反接制动继电器。它主要用于笼型异步电动机的反接制动控制。它是靠电磁感应原理实现触点动作的。

　　电动机转动时，速度继电器的转子随之转动，绕组切割磁场产生感应电动势和电流，此电流和永久磁铁的磁场作用产生转矩，使定子向轴的转动方向偏摆，通过定子柄拨动触点，使常闭触点断开、常开触点闭合。当电动机转速下降到接近零时，转矩减小，定子柄在弹簧力的作用下恢复原位，触点也复原。

　　常用速度继电器中，JY1 系列能在 3000r/min 的转速下可靠工作。JFZ0 型触点动作速度不受定子柄偏转快慢的影响，触点改用微动开关。JFZ0 系列 JFZ0 -1 型适用于300～1000r/min。JFZ0 -2 型适用于 1000～3000r/min。速度继电器有两对常开、常闭触点，分别对应于被控电动机的正、反转运行。一般情况下，速度继电器的触点，在转速达 120r/min 时能动作，转速为 100r/min 左右时能恢复正常位置。

4. 速度继电器的符号

速度继电器的符号如图 4-34 所示。

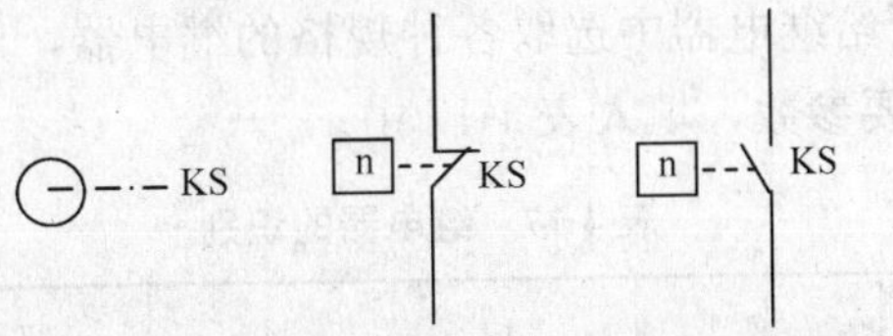

(a) 继电器转子　　(b) 常闭触点　　(c) 常开触点

图 4-34　速度继电器的符号

5. 速度继电器的选用

速度继电器主要根据所需控制的转速大小、触点的数量和电压、电流来选用。
常用速度继电器的主要技术数据见表 4-16。

表 4-16　常用速度继电器的技术数据

型号	触点额定电压 /V	触点额定电流 /A	触点对数		额定工作转速 /(r/min)	允许操作频率 /(次/h)
			正转动作	反转动作		
JY1	380	2	1 组转换触点	1 组转换触点	100~3000	<30
JFZ0-1			1 常开、1 常闭	1 常开、1 常闭	300~1000	
JFZ0-2			1 常开、1 常闭	1 常开、1 常闭	1000~3000	

做一做

实训　常用继电器的识别

1. 实训目的

1）熟悉常用继电器的型号及外形特点。
2）能正确识别各类不同的继电器。

2. 实训所需器材

电器元件由指导教师根据实际情况在规定系列内选取，每系列取 2~4 种不同规格。

3. 实训内容

常用继电器的识别。

4. 实训步骤

1）在教师指导下，仔细观察不同系列、不同规格的继电器的外形和结构特点。
2）根据指导教师给出的元件清单，从所给继电器中正确选出清单中的继电器。
3）由指导教师从所给继电器中选取各种规格的继电器，用胶布盖住铭牌。由学生写出其名称、型号及主要参数，填入表 4-17 中。

表 4-17　继电器的识别

序　号	1	2	3	4	5	6	7
名　称							
型号规格							
主要参数							

各类继电器各有哪些特点。

1. 怎样来识别各种继电器?

2. 不同规格继电器各有哪些特点?

3. 在识别各种继电器过程中应注意哪些问题?

请对自己完成任务的情况进行评估,并填写下表。

任务检测与分析

检测项目	评分标准	分值	学生自评	教师评估
根据清单选取实物	选错或漏选,每件扣 5 分	30		
根据实物写电器的名称、型号与参数	①名称漏写或错写,每件扣 3 分 ②型号漏写或错写,每件扣 5 分 ③规格漏写或错写,每件扣 3 分 ④主要参数错写,每件扣 5 分	70		
安全文明生产	违反安全、文明生产规程,扣 5~40 分			
定额时间 90min	按每超时 5min 扣 5 分计算			
备注	除定额时间外,各项目的最高扣分不应超过配分数		成绩	
开始时间	结束时间		实际时间	

不同低压电器有哪些共性与个性? 各种低压电器各有哪些作用? 怎样选择各种低压电器? 怎样维修各种低压电器?

思考与练习

一、填空题:

1. 刀开关用于电动机的直接启动和停止时,选用额定电压_____伏或_____伏,额定电流大于或等于电动机额定电流_____倍的三极开关。

2. 刀开关必须_____安装在控制屏或开关板上,不允许_____或

_____，接通状态时手柄应朝_____，以防发生误合闸事故。接线时进线和出线不能_____，防止在更换熔体时发生触电事故。

3. 转换开关在机床电气控制电路中作为电源的_____开关，用作不频繁地接通和断开电路、换接_____和_____以及控制_____以下小容量异步电动机的启动、停止和正反转。

4. 转换开关应根据_____、_____、_____、_____和_____进行选用。用于直接控制异步电动机的启动和正、反转时，开关的额定电流一般取电动机额定电流的_____倍。

5. 低压断路器用于不频繁地接通和断开电路以及控制电动机的运行。当电路发生_____、_____和_____等故障时，能自动切断故障电路，保护电路和电气设备。

6. 熔断器主要由_____、安装熔体的_____和_____三部分组成。

7. 交流接触器用于远距离频繁地接通或断开交直流_____及_____控制电路，还具有_____、_____保护，同时有_____、_____的功能。

8. 继电器主要由_____、_____和_____三部分组成。

9. 空气式时间继电器用于时间控制，又称_____；利用气囊中的空气通过_____的原理来获得延时动作的。根据触点延时的特点，可分为_____动作型和_____复位型两种。

10. 速度继电器又称为_____继电器。它主要用于笼型异步电动机的反接制动控制。它是靠_____原理实现触点动作的。一般情况下，速度继电器的触点，在转速达_____r/min 时能动作，_____r/min 左右时能恢复正常位置。

二、DZ5-20 型低压断路器主要由哪几部分组成？

三、在安装和使用熔断器时，应注意哪些问题？

四、主令电器的作用是什么？常用的主令电器有哪几种类型？

五、交流接触器主要由哪几部分组成？

六、交流接触器常用的灭弧方法有哪几种？

七、触点的常见故障有哪几种？

项目五

三相异步电动机的基本控制
电路及其安装

  随着我国经济的快速发展，各个行业的电气化与自动化程度日益提高，使用范围也愈加宽广。而电气安装、调试、维护和修理工作愈来愈重要，对电气从业人员的技术水平要求也愈来愈高。在各种机械设备和家用电器中，绝大部分采用电动机作为动力源。因此，熟悉和掌握各种常用电动机的典型控制电路，及机械设备和家用电器等各类电气设备的控制电路，对正确使用电气设备及进行故障处理是非常必要的。

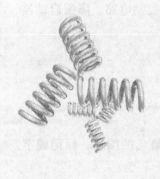

知识目标

- 了解绘制、识读电气控制电路原理图的基本原则。
- 掌握三相异步电动机的正/反转控制、位置控制、自动往返控制及其工作原理。
- 掌握三相异步电动机降压启动、调速和制动控制电路及其工作原理。

技能目标

- 掌握三相异步电动机的正/反转控制、位置控制、自动往返控制电路的安装。
- 掌握三相异步电动机降压启动、调速和制动控制电路的安装。

任务一　基本控制电路图的绘制及电路安装

 任务目标

- 了解电动机基本控制电路的安装步骤。
- 掌握绘制电气控制电路图的原则。

➡ 任务教学方式

教学步骤	时间安排	教学方式
阅读教材	课余	自学、查资料、相互讨论
知识讲解	2课时	重点讲授电动机基本控制电路图的绘制及电路安装步骤

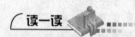 **读一读**

　　由于不同生产机械的工作性质和加工工艺不同，使得它们对电动机的运转要求也不相同。要使电动机按照生产机械的要求正常安全地运转，必须配备一定的电器控制设备和保护设备，组成一定的控制电路，才能达到目的。电动机常见的基本控制电路有以下几种：点动控制电路、正转控制电路、正/反转控制电路、位置控制电路、降压启动控制电路、调速控制电路和制动控制电路等。

知识1　绘制、识读电气控制电路原理图

1. 图形、文字符号

（1）图形符号

图形符号通常用于图纸或其他文件，用以表示一个设备或概念的图形、标记或字符。电气控制系统图中的图形符号必须按国家标准绘制。

（2）文字符号

文字符号分为基本文字符号和辅助文字符号。文字符号适用于电气技术领域中技术文件的编制，也可表示在电气设备、装置和元件上或其近旁，以标明它们的名称、功能、状态和特征。

（3）主电路各接点标记

三相交流电源引入线采用L1、L2、L3标记。电源开关之后的三相交流电源主电路分别按U、V、W顺序标记。分级三相交流电源主电路采用三相文字代号U、V、W的前边加上阿拉伯数字1、2、3等来标记，如1U、1V、1W；2U、2V、2W等。

2. 绘图原则

生产机械电气控制电路常用电路图、接线图和布置图来表示。

（1）电路图

电路图是根据生产机械运动形式对电气控制系统的要求，采用国家统一规定的电气图形符号和文字符号，按照电气设备和电器的工作顺序，详细表示电路、设备或成套装置的全部基本组成和连接关系，而不考虑其实际位置的一种简图。

电路图能充分表达电气设备和电器的用途、作用和工作原理，是电气电路安装、调试和维修的理论依据。

绘制、识读电气控制电路原理图时应遵循以下原则。

1）原理图一般分电源电路、主电路、控制电路、信号电路及照明电路绘制。

① 电源电路画成水平线，三相交流电源相序 L1、L2、L3 由上而下依次排列画出，中线 N 和保护地线 PE 依次画在相线之下。直流电源的"＋"端在上，"－"端在下画出。电源开关要水平画出。

② 主电路是指受电的动力装置及控制、保护电器，是由主熔断器、接触器的主触点、热继电器的热元件及电动机等组成。它通过的电流是电动机的工作电流，电流较大。主电路要垂直电源电路画在原理图的左侧。

③ 控制电路是指控制主电路工作状态的电路；信号电路是显示主电路工作状态的电路；照明电路是提供机床设备局部照明的电路，是由主令电器的触点、接触器线圈及辅助触点、继电器线圈及触点、指示灯和照明灯等组成。辅助电路通过的电流都较小。画电路图时，控制电路、信号电路和照明电路要跨接在两相电源线之间，依次垂直画在主电路图的右侧，并且电路中的耗能元件（如接触器和继电器的线圈、信号灯、照明灯等）要画在电路图的下方，而电器的触点要画在耗能元件的上方。

2）原理图中，各电器的触点位置都按电路未通电或电器未受外力作用时的常态位置画出。分析原理时，应从触点的常态位置出发。

3）原理图中，各电器元件不画实际的外形图，而采用国家规定的统一电气图形符号画出。

4）原理图中，同一电器的各元件不按它们的实际位置画在一起，而是按其在电路中所起的作用分画在不同电路中，但它们的动作却是相互关联的，必须标注相同的文字符号。若图中相同的电器较多时，需要在电器文字符号后面加注不同的数字，以示区别，如 KM1、KM2 等。

5）画原理图时，应尽可能减少线条和避免线条交叉。对有直接电联系的交叉导线连接点，要用小黑圆点表示；无直接电联系的交叉导线连接点则不画小黑圆点。

（2）接线图

接线图是根据电气设备和电器元件的实际位置和安装情况绘制的，只用来表示电气设备和电器元件的位置、配线方式和接线方式，而不明显表示电气动作原理。主要用于安装接线、电路的检查维修和故障处理。

绘制、识读接线图应遵循以下原则。

1）接线图中一般要表示出如下内容：电气设备和电器元件的相对位置、文字符号、端子号、导线号等。

2）所有的电气设备和电器元件都按其所在的实际位置绘制在图纸上，并且同一电器的各元件根据其实际结构，使用与电路图相同的图形符号画在一起，并用点画线框上，其文字符号及接线端子的编号应与电路图中的标注一致，以便对照检查接线。

3）接线图中的导线有单根导线、导线组、电缆等之分，可用连续线和中断线来表示。凡导线走向相同的可以合并，用线束来表示，到达接线端子板或电器元件的连接点时再分别画出。在用线束来表示导线组、电缆等时，可用加粗的线条表示，在不引起误解的情况下也可采用部分加粗。另外，导线及管子的型号、根数和规格应标注清楚。

（3）布置图

布置图是根据电器元件在控制板上的实际安装位置，采用简化的外形符号（如正方形、矩形、圆形等）而绘制的一种简图。它不表达各电器的具体结构、作用、接线情况及工作原理，主要用于电器元件的布置和安装。图中各电器的文字符号必须与电路图和接线图的标注相一致。在实际应用中，电路图、接线图和布置图要结合起来使用。

知识2　电动机基本控制电路的安装步骤

电动机基本控制电路的安装，一般应按以下步骤进行。

1）识读电路图，明确电路所用电器元件及其作用，熟悉电路的工作原理。

2）根据电路图或元件明细表配齐电器元件，并进行检验。

3）根据电路图绘制布置图和接线图，在控制板上固定安装电器元件（电动机除外），并贴上醒目的文字符号。

4）根据电动机容量选配主电路导线的截面。控制电路导线一般采用截面为 $1mm^2$ 的铜芯线（BVR）；按钮线一般采用截面为 $0.75mm^2$ 的铜芯线（BVR）；接地线一般采用截面不小于 $1.5mm^2$ 的铜芯线（BVR）。

5）根据电路图检查控制板布线的正确性。

用万用表进行检查时，应选用电阻挡的适当倍率，并进行校零，以防错漏短路故障。

6）安装电动机。

7）连接电动机和所有电器元件金属外壳的保护接地线。

8）连接电源、电动机等控制板外部的导线。

9）自检。

10）交验。

11）通电试车。

任务二　正转启动控制电路

任务目标

- 掌握三相异步电动机正转控制电路的组成。
- 掌握三相异步电动机正转控制电路的工作原理。

任务教学方式

教学步骤	时间安排	教学方式
阅读教材	课余	自学、查资料、相互讨论
知识讲解	6课时	重点讲授三相异步电动机的正转启动控制电路及其工作原理
操作技能	6课时	三相异步电动机的正转启动控制电路的安装,采取学生训练和教师指导相结合

 读一读

知识1 点动正转控制电路

1. 点动正转控制电路

点动正转控制电路是用按钮、接触器来控制电动机运转的最简单的正转控制电路,如图5-1所示。

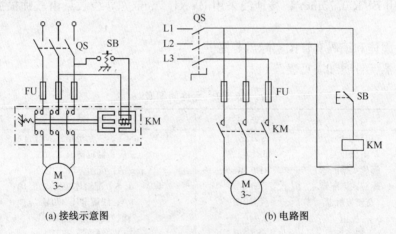

(a) 接线示意图   (b) 电路图

图5-1 点动正转控制电路

2. 点动正转控制电路的工作原理

电路的工作原理如下:先合上电源开关 QS。

启动:

按下 SB —→ KM 线圈得电 —→ KM 主触点闭合 —→ 电动机 M 启动运转

停止:

松开 SB —→ KM 线圈失电 —→ KM 主触点分断 —→ 电动机 M 失电停转

停止使用时,断开电源开关 QS。

实训1　点动正转控制电路的安装

1. 实训目的

1）熟悉三相异步电动机的结构和铭牌数据。

2）熟悉电动机常用控制电器的结构与动作原理。

3）学会三相异步电动机的点动控制的接线和操作方法。

2. 实训所需器材

1）工具：螺钉旋具、尖嘴钳、斜口钳、剥线钳、电工刀等。

2）仪表：MF47 型万用表、ZC25B-3 型兆欧表。

3）器材：

① 控制板一块。

② 导线规格：主电路采用 BV 1.5mm² 和 BVR 1.5mm²；控制电路采用 BV 1mm²；按钮线采用 BVR 0.75mm²；接地线采用 BVR1.5mm²。导线数量由教师根据实际情况确定。

③ 紧固体和编码套管按实际需要提供。

④ 电器元件明细表见表 5-1。

表 5-1　元件明细表

代号	名　称	型　号	规　格	数量
M	三相异步电动机	Y112M-4	4kW、380V、三角形接法；或自定	1
QS	组合开关	HZ10-25/3	三极、额定电流 25A	1
FU1	螺旋式熔断器	RL1-60/20	500V、60A、配熔体额定电流 20A	3
FU2	螺旋式熔断器	RL1-15/2	500V、15A、配熔体额定电流 2A	2
KM	交流接触器	CJ10-20	20A、线圈电压 380V	1
SB	按钮	LA10-3H	保护式、按钮数 3	1
XT	端子板	JX2-1015	10A、15 节、380V	1

3. 实训步骤及工艺要求

1）识读点动正转控制电路，如图 5-1 所示，明确电路所用电器元件及作用，熟悉电路的工作原理。

2）按表 5-1 配齐所用电器元件，并进行检验。

① 电器元件的技术数据（如型号、规格、额定电压、额定电流等）应完整并符合要求，外观无损伤，备件、附件齐全完好。

② 检查电器元件的电磁机构动作是否灵活，有无衔铁卡阻等不正常现象。用万用表检查电磁线圈的通断情况及各触点的分合情况。

③ 检查接触器线圈额定电压与电源电压是否一致。

④ 对电动机的质量进行常规检查。

3）在控制板上按布置图安装电器元件，并贴上醒目的文字符号。工艺要求如下。

① 走线通道应尽可能少，同一通道中的沉底导线，按主电路、控制电路分类集中，单层平行密排，并紧贴敷设面。

② 同一平面的导线应高低一致或前后一致，不能交叉。当必须交叉时，该根导线应在接线端子引出时，水平架空跨越，但必须走线合理。

③ 布线应横平竖直，变换走向应垂直。

④ 导线与接线端子或线桩连接时，应不压绝缘层、不反圈及不露铜过长。并做到同一元件、同一回路的不同接点的导线间距离保持一致。

⑤ 一个电器元件接线端子上的连接导线不得超过两根，每节接线端子板上的连接导线一般只允许连接一根。

⑥ 布线时，严禁损伤线芯和导线绝缘。

⑦ 布线时，不在控制板上的电器元件要从端子排上引出。

4）根据电路图，如图5-1（b）所示，检查控制板布线的正确性。

用万用表进行检查时，应选用电阻挡的适当倍率，并进行校零，以防错漏短路故障。

① 检查控制电路，可将表棒分别搭在 U1、V1 线端上，读数应为"∞"，按下 SB 时读数应为接触器线圈的直流电阻阻值。

② 检查主电路时，可以手动代替接触器受电线圈励磁吸合时的情况进行检查。

5）安装电动机。

6）连接电动机和按钮金属外壳的保护接地线。

7）连接电源、电动机等控制板外部的导线。

8）自检。

9）交验。

10）通电试车。

为保证人身安全，在通电试车时，要认真执行安全操作规程的有关规定，一人监护、一人操作。试车前应检查与通电试车有关的电气设备是否有不安全的因素存在，若查出应立即整改，然后方能试车。

4. **注意事项**

1）电动机及按钮的金属外壳必须可靠接地。

2）电源进线应接在螺旋式熔断器的下接线座上，出线则应接在上接线座上。

3）按钮内接线时，用力不可过猛，以防螺钉打滑。

4）接线时一定要认真仔细，不可接错。

5）通电前必须经教师检查无误后，才能通电操作。

6）实验中一定要注意安全操作。

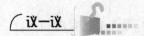

在三相异步电动机的点动控制实验中，若发现电动机不能启动，应如何用仪表检查故障点？

点动正转控制电路的安装。

请对自己完成的任务情况进行评估，并填写下表。

评 分 标 准

项目内容	配分	评 分 标 准	扣分
装前检查	15	①电动机质量检查，每漏一处扣 3 分 ②电器元件漏检或错检，每处扣 2 分	
安装元件	15	①不按布置图安装，扣 10 分 ②元件安装不牢固，每只扣 2 分 ③安装元件时漏装螺钉，每只扣 0.5 分 ④元件安装不整齐、不匀称、不合理，每只扣 3 分 ⑤损坏元件，扣 10 分	
布线	30	①不按电路图接线，扣 15 分 ②布线不符合要求： 　主电路，每根扣 2 分 　控制电路，每根扣 1 分 ③接点松动、接点露铜过长、压绝缘层、反圈等，每处扣 0.5 分 ④损伤导线绝缘或线芯，每根扣 0.5 分 ⑤漏接接地线，扣 10 分 ⑥标记线号不清楚、遗漏或误标，每处扣 0.5 分	
通电试车	40	①第一次试车不成功，扣 10 分 ②第二次试车不成功，扣 20 分 ③第三次试车不成功，扣 30 分	
安全文明生产		违反安全、文明生产规程，扣 5~40 分	
定额时间 90min		按每超时 5min 扣 5 分计算	
备注		除定额时间外，各项目的最高扣分不应超过配分数	成绩
开始时间		结束时间	实际时间

知识 2　自锁正转控制电路

1. 自锁正转控制电路

自锁正转控制电路是用按钮、接触器来控制电动机运转的正转控制电路，如图 5-2

所示。三相异步电动机的自锁控制电路的主电路和点动控制的主电路大致相同，但在控制电路中又串接了一个停止按钮 SB1，在启动按钮 SB2 的两端并接了接触器 KM 的一对常开辅助触点。接触器自锁正转控制电路不但能使电动机连续运转，而且还有一个重要的特点，就是具有欠压和失压（或零压）保护作用。它主要由按钮开关 SB（启/停电动机使用）、交流接触器 KM（用做接通和切断电动机的电源及失压保护和欠压保护等）、热继电器（用做电动机的过载保护）等组成。

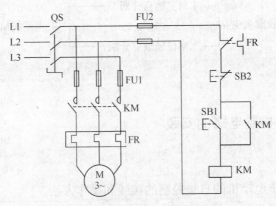

图 5-2 自锁正转控制电路

1）欠压保护。"欠压"是指电路电压低于电动机应加的额定电压。"欠压保护"是指当电路电压下降到某一数值时，电动机能自动脱离电源电压停转，避免电动机在欠压下运行的一种保护。因为当电路电压下降时，电动机的转矩随之减小，电动机的转速也随之降低，从而使电动机的工作电流增大，影响电动机的正常运行，电压下降严重时还会引起"堵转"（即电动机接通电源但不转动）的现象，以致损坏电动机。采用接触器自锁正转控制电路就可避免电动机欠压运行，这是因为当电路电压下降到一定值（一般指低于额定电压 85％以下）时，接触器线圈两端的电压也同样下降到一定值，从而使接触器线圈磁通减弱，产生的电磁吸力减小。当电磁吸力减小到小于反作用弹簧的拉力时，动铁心被迫释放，带动主触点、自锁触点同时断开，自动切断主电路和控制电路，电动机失电停转，达到欠压保护的目的。

2）失压（或零压）保护。失压保护是指电动机在正常运行中，由于外界某种原因引起突然断电时，能自动切断电动机电源。当重新供电时，保证电动机不能自行启动，避免造成设备和人身伤亡事故。采用接触器自锁控制电路，由于接触器自锁触点和主触点在电源断电时已经断开，使控制电路和主电路都不能接通。所以在电源恢复供电时，电动机就不能自行启动运转，保证了人身和设备的安全。

2. 自锁正转控制电路的工作原理

电路的工作原理如下：先合上电源开关 QS。

启动：

停止：

按下SB2 → KM线圈失电 → KM主触点分断 / KM自锁触点分断 → 电动机M失电停转

做一做

实训2 自锁正转控制电路的安装

1.实训目的

1）学会三相异步电动机的自锁控制的接线和操作方法。
2）理解自锁的概念。
3）理解三相异步电动机的自锁控制的基本原理。

2.实训所需器材

1）工具：螺钉旋具、尖嘴钳、斜口钳、剥线钳、电工刀等。
2）仪表：MF47型万用表、ZC25B-3型兆欧表。
3）器材：
① 控制板一块。
② 导线规格：主电路采用 BV 1.5mm² 和 BVR 1.5mm²；控制电路采用 BV 1mm²；按钮线采用 BVR 0.75mm²；接地线采用 BVR 1.5mm²。导线数量由教师根据实际情况确定。
③ 紧固体和编码套管按实际需要提供。
④ 电器元件明细表见表5-2。

表 5-2　元件明细表

代号	名　称	型　号	规　格	数量
M	三相异步电动机	Y112M-4	4kW、380V、三角形接法；或自定	1
QS	组合开关	HZ10-25/3	三极、额定电流25A	1
FU1	螺旋式熔断器	RL1-60/20	500V、60A、配熔体额定电流20A	3
FU2	螺旋式熔断器	RL1-15/2	500V、15A、配熔体额定电流2A	2
KM	交流接触器	CJ10-20	20A、线圈电压380V	1
SB	按钮	LA10-3H	保护式、按钮数3	1
XT	端子板	JX2-1015	10A、15节、380V	1

3.实训步骤及工艺要求

1）识读自锁正转控制电路，如图5-2所示，明确电路所用电器元件及作用，熟悉电路的工作原理。

2）按表5-2配齐所用电器元件，并进行检验。

① 电器元件的技术数据（如型号、规格、额定电压、额定电流等）应完整并符合要求，外观无损伤，备件、附件齐全完好。

② 检查电器元件的电磁机构动作是否灵活，有无衔铁卡阻等不正常现象。用万用表检查电磁线圈的通断情况及各触点的分合情况。

③ 检查接触器线圈额定电压与电源电压是否一致。

④ 对电动机的质量进行常规检查。

3）在控制板上按布置图安装电器元件，并贴上醒目的文字符号。工艺要求如下。

① 走线通道应尽可能少，同一通道中的沉底导线，按主、控电路分类集中，单层平行密排，并紧贴敷设面。

② 同一平面的导线应高低一致或前后一致，不能交叉。当必须交叉时，该根导线应在接线端子引出时，水平架空跨越，但必须走线合理。

③ 布线应横平竖直，变换走向应垂直。

④ 导线与接线端子或线桩连接时，应不压绝缘层、不反圈及不露铜过长。并做到同一元件、同一回路的不同接点的导线间距离保持一致。

⑤ 一个电器元件接线端子上的连接导线不得超过两根，每节接线端子板上的连接导线一般只允许连接一根。

⑥ 布线时，严禁损伤线芯和导线绝缘。

⑦ 布线时，不在控制板上的电器元件要从端子排上引出。

4）按图5-3检验控制板布线正确性。

用万用表进行检查时，应选用电阻挡的适当倍率，并进行校零，以防错漏短路故障。

① 检查控制电路，可将表棒分别搭在U1、V1线端上，读数应为"∞"，按下SB时读数应为接触器线圈的直流电阻阻值。

② 检查主电路时，可以手动代替接触器受电线圈励磁吸合时的情况进行检查。

5）安装电动机。

6）连接电动机和按钮金属外壳的保护接地线。

7）连接电源、电动机等控制板外部的导线。

8）自检。

9）交验。

10）通电试车。

为保证人身安全，在通电试车时，要认真执行安全操作规程的有关规定，一人监护、一人操作。试车前应检查与通电试车有关的电气设备是否有不安全的因素存在，若查出应立即整改，然后方能试车。

4. 实验注意事项

1）电动机和按钮的金属外壳必须可靠接地。

图 5-3　自锁正转控制电路的安装接线图

2）电源进线应接在螺旋式熔断器底座的中心端上，出线应接在螺纹外壳上。

3）按钮内接线时，用力不能过猛，以防螺钉打滑。

4）热继电器的热元件应串接在主电路中，其常闭控制触点应串接在控制电路中。

5）热继电器的整定电流必须按电动机的额定电流自行调整。绝对不允许弯折双金属片。

6）一般热继电器应置于手动复位的位置上，若需要自动复位时，可将复位调节螺钉以顺时针方向向里旋足。

7）热继电器因电动机过载动作后，若要再次启动电动机，必须待热元件冷却后，才能使热继电器复位，一般复位时间：自动复位需 5min；手动复位需 2min。

8）接触器的自锁常开触点 KM 必须与启动按钮 SB2 并联。

9）在启动电动机时，必须在按下启动按钮 SB2 的同时，还应按住停止按钮 SB1，以保证万一出现故障可立即按下停止按钮 SB1，防止扩大事故。

10）接电前必须经教师检查无误后，才能通电操作。

11）实验中一定要注意安全操作。

议一议

1. 什么是自锁和自锁触点？为什么要设置自锁触点？

2. 三相异步电动机的接触器自锁控制电路除了能使电动机连续运转，还具有哪些保护作用？分别说明各种保护的概念？电动机为什么需要这些保护？

3. 在三相异步电动机的控制电路中，能否用熔断器来代替热继电器作为过载保护？而热继电器能否代替熔断器作为短路保护？为什么？

自锁正转控制电路的安装。

请对自己完成任务的情况进行评估，并填写下表。

评 分 标 准

项目内容	配分	评 分 标 准	扣分
装前检查	15	①电动机质量检查，每漏一处扣 3 分 ②电器元件漏检或错检，每处扣 2 分	
安装元件	15	①不按布置图安装，扣 10 分 ②元件安装不牢固，每只扣 2 分 ③安装元件时漏装螺钉，每只扣 0.5 分 ④元件安装不整齐、不匀称、不合理，每只扣 3 分 ⑤损坏元件，扣 10 分	
布线	30	①不按电路图接线，扣 15 分 ②布线不符合要求： 　主电路，每根扣 2 分 　控制电路，每根扣 1 分 ③接点松动、接点露铜过长、压绝缘层、反圈等，每处扣 0.5 分 ④损伤导线绝缘或线芯，每根扣 0.5 分 ⑤漏接接地线，扣 10 分 ⑥标记线号不清楚、遗漏或误标，每处扣 0.5 分	
通电试车	40	①第一次试车不成功，扣 10 分 ②第二次试车不成功，扣 20 分 ③第三次试车不成功，扣 30 分	
安全文明生产		违反安全、文明生产规程，扣 5~40 分	
定额时间 90min		按每超时 5min 扣 5 分计算	
备注		除定额时间外，各项目的最高扣分不应超过配分数	成绩
开始时间		结束时间	实际时间

知识 3　连续与点动混合正转控制电路

1. 连续与点动混合正转控制电路

机床设备在正常运行时，一般电动机都处于连续运行状态。但在试车或调整刀具与工件的相对位置时，又需要电动机能点动控制，实现这种控制要求的电路是连续与点动混合控制的正转控制电路，如图 5-4 所示。

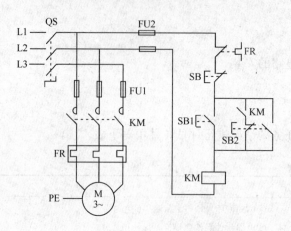

图 5-4 　连续与点动混合正转控制电路图

2. 连续与点动混合正转控制电路的工作原理

电路的工作原理如下：先合上电源开关 QS。

（1）连续控制

启动：

按下SB1 ⟶ KM线圈得电 ┬⟶ KM主触点闭合 ────────┐
　　　　　　　　　　　　　└⟶ KM自锁触点闭合自锁 ──┴⟶ 电动机M启动连续运转

停止：

按下SB2 ⟶ KM线圈失电 ┬⟶ KM主触点分断 ────────┐
　　　　　　　　　　　　　└⟶ KM自锁触点分断 ────┴⟶ 电动机M失电停转

（2）点动控制

启动：

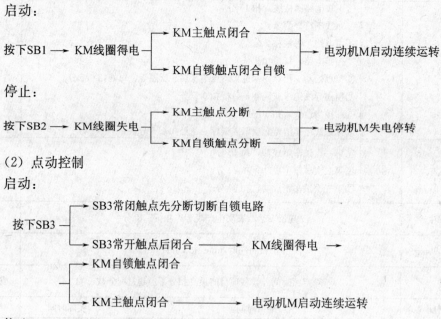

按下SB3 ┬⟶ SB3常闭触点先分断切断自锁电路
　　　　 └⟶ SB3常开触点后闭合 ⟶ KM线圈得电 ⟶

┬⟶ KM自锁触点闭合
└⟶ KM主触点闭合 ⟶ 电动机M启动连续运转

停止：

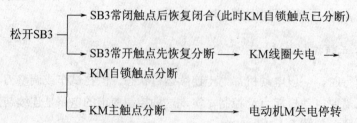

松开SB3 ┬⟶ SB3常闭触点后恢复闭合（此时KM自锁触点已分断）
　　　　 └⟶ SB3常开触点先恢复分断 ⟶ KM线圈失电 ⟶

┬⟶ KM自锁触点分断
└⟶ KM主触点分断 ⟶ 电动机M失电停转

实训 3　连续与点动混合正转控制电路的安装

1. 实训目的

1）学会三相异步电动机连续与点动混合正转控制的接线和操作方法。

2）理解自锁及复合按钮的概念。

3）理解三相异步电动机连续与点动混合正转控制的基本原理。

2. 实训所需器材

1）工具：螺钉旋具、尖嘴钳、斜口钳、剥线钳、电工刀等。

2）仪表：MF47 型万用表、ZC25B-3 型兆欧表。

3）器材：

① 控制板一块。

② 导线规格：主电路采用 BV 1.5mm² 和 BVR 1.5mm²；控制电路采用 BV 1mm²；按钮线采用 BVR 0.75mm²；接地线采用 BVR 1.5mm²。导线数量由教师根据实际情况确定。

③ 紧固体和编码套管按实际需要提供。

④ 电器元件明细表见表 5-3。

表 5-3　元件明细表

代　号	名　　称	型　号	规　格	数　量
M	三相异步电动机	Y112M-4	4kW、380V、三角形接法；或自定	1
QS	组合开关	HZ10-25/3	三极、额定电流 25A	1
FU1	螺旋式熔断器	RL1-60/20	500V、60A、配熔体额定电流 20A	3
FU2	螺旋式熔断器	RL1-15/2	500V、15A、配熔体额定电流 2A	2
KM	交流接触器	CJ10-20	20A、线圈电压 380V	1
SB	按钮	LA10-3H	保护式、按钮数 3	1
XT	端子板	JX2-1015	10A、15 节、380V	1

3. 实训步骤及工艺要求

1）识读连续与点动混合正转控制电路，如图 5-4 所示，明确电路所用电器元件及作用，熟悉电路的工作原理。

2）按表 5-3 配齐所用电器元件，并进行检验。

① 电器元件的技术数据（如型号、规格、额定电压、额定电流等）应完整并符合要求，外观无损伤，备件、附件齐全完好。

② 检查电器元件的电磁机构动作是否灵活，有无衔铁卡阻等不正常现象。用万用表检查电磁线圈的通断情况及各触点的分合情况。

③ 检查接触器线圈额定电压与电源电压是否一致。

④ 对电动机的质量进行常规检查。

3）在控制板上按布置图安装电器元件，并贴上醒目的文字符号。工艺要求如下。

① 走线通道应尽可能少，同一通道中的沉底导线，按主、控电路分类集中，单层平行密排，并紧贴敷设面。

② 同一平面的导线应高低一致或前后一致，不能交叉。当必须交叉时，该根导线应在接线端子引出时，水平架空跨越，但必须走线合理。

③ 布线应横平竖直，变换走向应垂直。

④ 导线与接线端子或线桩连接时，应不压绝缘层、不反圈及不露铜过长。并做到同一元件、同一回路的不同接点的导线间距离保持一致。

⑤ 一个电器元件接线端子上的连接导线不得超过两根，每节接线端子板上的连接导线一般只允许连接一根。

⑥ 布线时，严禁损伤线芯和导线绝缘。

⑦ 布线时，不在控制板上的电器元件要从端子排上引出。

4）按图 5-5 检验控制板布线正确性。

图 5-5　连续与点动混合正转控制电路的安装接线图

用万用表进行检查时，应选用电阻挡的适当倍率，并进行校零，以防错漏短路故障。

① 检查控制电路，可将表棒分别搭在 U1、V1 线端上，读数应为"∞"，按下 SB 时读数应为接触器线圈的直流电阻值。

② 检查主电路时，可以对手动代替接触器受电线圈励磁吸合时的情况进行检查。

5）安装电动机。

6）连接电动机和按钮金属外壳的保护接地线。

7）连接电源、电动机等控制板外部的导线。

8）自检。

9）交验。

10）通电试车。

为保证人身安全，在通电试车时，要认真执行安全操作规程的有关规定，一人监护、一人操作。试车前应检查与通电试车有关的电气设备是否有不安全的因素存在，若查出应立即整改，然后方能试车。

4. 注意事项

1）电动机及按钮的金属外壳必须可靠接地。

2）电源进线应接在螺旋式熔断器的下接线座上，出线则应接在上接线座上。

3）热继电器的整定电流应按电动机规格进行调整。

4）点动采用复合按钮，其常闭触点必须与自锁触点串接。

5）填写所选用的电器元件及器件的型号、规格时，要做到字迹工整，书写正确、清楚、完整。

连续与点动混合正转控制电路的优点和缺点是什么？如何克服此电路的不足？

连续与点动混合正转控制电路的安装。

请对自己完成任务的情况进行评估，并填写下表。

评 分 标 准

项目内容	配分	评 分 标 准	扣分
装前检查	15	①电动机质量检查，每漏一处扣3分 ②电器元件漏检或错检，每处扣2分	
安装元件	15	①不按布置图安装，扣10分 ②元件安装不牢固，每只扣2分 ③安装元件时漏装螺钉，每只扣0.5分 ④元件安装不整齐、不匀称、不合理，每只扣3分 ⑤损坏元件，扣10分	
布线	30	①不按电路图接线，扣15分 ②布线不符合要求： 　主电路，每根扣2分 　控制电路，每根扣1分 ③接点松动、接点露铜过长、压绝缘层、反圈等，每处扣0.5分 ④损伤导线绝缘或线芯，每根扣0.5分 ⑤漏接接地线，扣10分 ⑥标记线号不清楚、遗漏或误标，每处扣0.5分	
通电试车	40	①第一次试车不成功，扣10分 ②第二次试车不成功，扣20分 ③第三次试车不成功，扣30分	

续表

项目内容	配分	评 分 标 准	扣分
安全文明生产		违反安全、文明生产规程，扣 5～40 分	
定额时间 90min		按每超时 5min 扣 5 分计算	
备注		除定额时间外，各项目的最高扣分不应超过配分数	成绩
开始时间		结束时间　　　　　　　　实际时间	

任务三　正/反转控制电路

任务目标

- 掌握三相异步电动机正/反转控制电路的组成。
- 掌握三相异步电动机正/反转控制电路的工作原理。
- 掌握联锁的作用与方法。

任务教学方式

教学步骤	时间安排	教学方式
阅读教材	课余	自学、查资料、相互讨论
知识讲解	6 课时	重点讲授三相异步电动机的正/反转控制电路及其工作原理
操作技能	4 课时	三相异步电动机的正/反转控制电路的安装，采取学生训练和教师指导相结合

读一读

正转控制电路只能使电动机朝一个方向旋转，带动生产机械的运动部件朝一个方向运动。但许多生产机械往往要求运动部件能向正/反两个方向运动，这些生产机械要求电动机能实现正/反转控制。

当改变通入电动机定子绕组的三相电源相序，即把接入电动机三相电源进线中的任意两根对调接线时，电动机就可以反转。

知识 1　接触器联锁的正/反转控制电路

1. 接触器联锁的正/反转控制电路

接触器联锁的正/反转控制电路是用按钮、接触器来控制电动机正/反转的控制电路，如图 5-6 所示。接触器 KM1 和 KM2 的主触点决不允许同时闭合，否则将造成两相电源短路事故。为了保证一个接触器得电动作时，另一个接触器不能得电动作，以避免电源的相间短路，在正转控制电路中串接了反转接触器 KM2 的常闭辅助触点，而在反转控制电路中串接了正转接触器 KM1 的常闭辅助触点。当接触器 KM1 得电动作时，串在反转控制电路中的 KM1 的常闭触点分断，切断了反转控制电路，保证了 KM1 主触点闭合时，KM2 的主触点不能闭合。同样，当接触器 KM2 得电动作时，KM2 的常闭触点分断，切断了正转控制电路，可靠地避免了两相电源短路事故的发生。这种在一个接触器得电动作时，通过其常闭辅助触点使另一个接触器不能得电动作的作用叫联锁（或互锁）。实现联锁作用的常闭触点称为联锁触点（或互锁触点）。

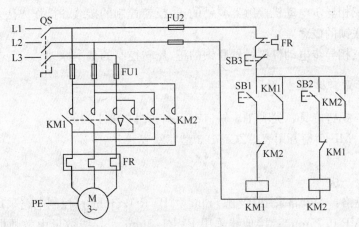

图 5-6　接触器联锁的正/反转控制原理图

2. 接触器联锁的正/反转控制电路的工作原理

电路的工作原理如下：先合上电源开关 QS。

（1）正转控制

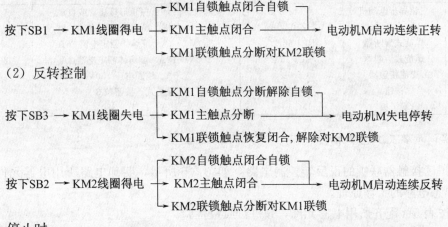

（2）反转控制

停止时：

按下停止按钮 SB3 → 控制电路失电 → KM1（或 KM2）主触点分断 → 电动机 M 失电停转

做一做

实训1　接触器联锁的正/反转控制电路的安装

1. 实训目的

1）学会三相异步电动机接触器联锁的正/反转控制的接线和操作方法。

2）理解联锁的概念。

3）理解三相异步电动机接触器联锁的正/反转控制的基本原理。

2. 实训所需器材

1）工具：螺钉旋具、尖嘴钳、斜口钳、剥线钳、电工刀等。

2）仪表：MF47 型万用表、ZC25B-3 型兆欧表。

3）器材：

① 控制板一块。

② 导线规格：主电路采用 BV 1.5mm² 和 BVR 1.5mm²；控制电路采用 BV 1mm²；按钮线采用 BVR 0.75mm²；接地线采用 BVR1.5mm²。导线数量由教师根据实际情况确定。

③ 紧固体和编码套管按实际需要提供。

④ 电器元件明细表见表 5-4。

表 5-4　元件明细表

代号	名称	型号	规格	数量
M	三相异步电动机	Y112M-4	4kW、380V、三角形接法；或自定	1
QS	组合开关	HZ10-25/3	三极、额定电流 25A	1
FU1	螺旋式熔断器	RL1-60/20	500V、60A、配熔体额定电流 20A	3
FU2	螺旋式熔断器	RL1-15/2	500V、15A、配熔体额定电流 2A	2
KM	交流接触器	CJ10-20	20A、线圈电压 380V	1
SB	按钮	LA10-3H	保护式、按钮数 3	1
XT	端子板	JX2-1015	10A、15 节、380V	1

3. 实训步骤及工艺要求

1）识读接触器联锁的正反转控制电路，如图 5-6 所示，明确电路所用电器元件及作用，熟悉电路的工作原理。

2）按表 5-4 配齐所用电器元件，并进行质量检验。

① 电器元件的技术数据（如型号、规格、额定电压、额定电流等）应完整并符合要求，外观无损伤，备件、附件齐全完好。

② 检查电器元件的电磁机构动作是否灵活，有无衔铁卡阻等不正常现象。用万用表检查电磁线圈的通断情况及各触点的分合情况。

③ 检查接触器线圈额定电压与电源电压是否一致。

3）在控制板上按布置图安装电器元件，并贴上醒目的文字符号。工艺要求如下。

① 走线通道应尽可能少，同一通道中的沉底导线，按主、控电路分类集中，单层平行密排，并紧贴敷设面。

② 同一平面的导线应高低一致或前后一致，不能交叉。当必须交叉时，该根导线应在接线端子引出时，水平架空跨越，但必须走线合理。

③ 布线应横平竖直，变换走向应垂直。

④ 导线与接线端子或线桩连接时，应不压绝缘层、不反圈及不露铜过长。并做到同一元件、同一回路的不同接点的导线间距离保持一致。

⑤ 一个电器元件接线端子上的连接导线不得超过两根，每节接线端子板上的连接导线一般只允许连接一根。

⑥ 布线时，严禁损伤线芯和导线绝缘。

⑦ 布线时，不在控制板上的电器元件要从端子排上引出。

4）按图 5-7 检验控制板布线正确性。

实验电路连接好后，学生应先自行进行认真仔细的检查，特别是二次接线，一般可采用万用表进行校正，以确认电路连接正确无误。

5）接电源、电动机等控制板外部的导线。

6）安装电动机。

7）连接电动机和按钮金属外壳的保护接地线。

8）连接电源、电动机等控制板外部的导线。

9）自检。

10）交验。

11）通电试车。

为保证人身安全，在通电试车时，要认真执行安全操作规程的有关规定，一人监

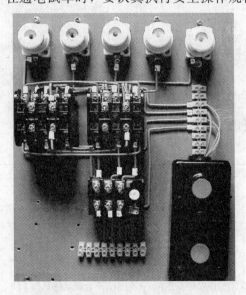

图 5-7 接触器联锁正/反转控制电路的安装接线图

护、一人操作。试车前应检查与通电试车有关的电气设备是否有不安全的因素存在，若查出应立即整改，然后方能试车。

4. 实验注意事项

1）电动机和按钮的金属外壳必须可靠接地。接至电动机的导线必须穿在导线通道内加以保护。

2）电源进线应接在螺旋式熔断器底座的中心端上，出线应接在螺纹外壳上。

3）电动机必须安放平稳，以防在可逆运转时产生滚动而引起事故。

4）要注意电动机必须进行换相，否则，电动机只能进行单向运转。

5）要特别注意接触器的联锁触点不能接错，否则，将会造成主电路中两相电源短路事故。

6）接线时，不能将正/反转接触器的自锁触点进行互换，否则，只能进行点动控制。

7）通电校验时，应先合上 QS，再检验 SB2（或 SB3）及 SB1 按钮的控制是否正常，并在按 SB2 后再按 SB3，观察有无联锁作用。

8）通电前必须经教师检查无误后，才能通电操作。

9）实验中一定要注意安全操作。

议一议

1. 什么是联锁和联锁触点？为什么要设置联锁触点？

2. 三相异步电动机接触器联锁的正/反转控制电路的优点和缺点是什么？如何克服此电路的不足？

练一练

接触器联锁的正/反转控制电路的安装。

评一评

请对自己完成任务的情况进行评估，并填写下表。

评 分 标 准

项目内容	配分	评 分 标 准	扣分
装前检查	15	①电动机质量检查，每漏一处扣 3 分 ②电器元件漏检或错检，每处扣 2 分	
安装元件	15	①不按布置图安装，扣 10 分 ②元件安装不牢固，每只扣 2 分 ③安装元件时漏装螺钉，每只扣 0.5 分 ④元件安装不整齐、不匀称、不合理，每只扣 3 分 ⑤损坏元件，扣 10 分	

续表

项目内容	配分	评分标准	扣分
布线	30	①不按电路图接线，扣15分 ②布线不符合要求： 　主电路，每根扣2分 　控制电路，每根扣1分 ③接点松动、接点露铜过长、压绝缘层、反圈等，每处扣0.5分 ④损伤导线绝缘或线芯，每根扣0.5分 ⑤漏接接地线，扣10分 ⑥标记线号不清楚、遗漏或误标，每处扣0.5分	
通电试车	40	①第一次试车不成功，扣10分 ②第二次试车不成功，扣20分 ③第三次试车不成功，扣30分	
安全文明生产		违反安全、文明生产规程，扣5~40分	
定额时间120min		按每超时5min扣5分计算	
备注		除定额时间外，各项目的最高扣分不应超过配分数	成绩
开始时间		结束时间　　　　　实际时间	

知识2 按钮联锁的正/反转控制电路

1.按钮联锁的正/反转控制电路

按钮联锁的正/反转控制电路是用按钮、接触器来控制电动机正/反转的控制电路，如图5-8所示。

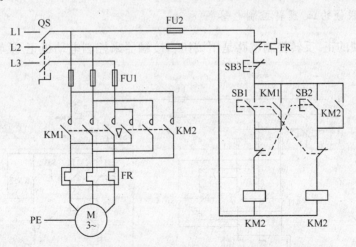

图5-8 按钮联锁的正/反转控制电路

2.按钮联锁的正/反转控制电路的工作原理

电路的工作原理如下：先合上电源开关QS。

（1）正转控制

按下SB1
- → SB1常闭触点先分断对KM2联锁（切断反转控制电路）
- → SB1常开触点后闭合 → KM1线圈得电 →

- → KM1自锁触点闭合自锁
- → KM1主触点闭合 → 电动机M正转启动连续运转

（2）反转控制

按下SB2
- → SB2常闭触点先分断 → KM1线圈失电
  - → KM1自锁触点分断
  - → KM1主触点分断 → 电动机M正转失电
- → SB2常开触点后闭合 → KM2线圈得电 →

- → KM2自锁触点闭合自锁
- → KM2主触点闭合 → 电动机M反转启动连续运转

若要停止：

按下 SB3，整个控制电路失电，主触点分断，电动机 M 失电停转

知识3　双重联锁的正/反转控制电路

1. 双重联锁的正/反转控制电路

双重联锁的正/反转控制电路是用按钮、接触器来控制电动机正/反转的控制电路，如图5-9所示。

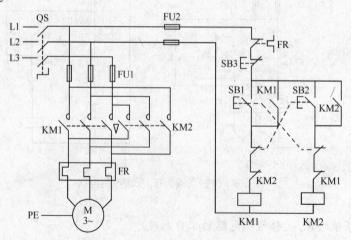

图 5-9　双重联锁的正/反转控制电路

2. 双重联锁的正/反转控制电路的工作原理

电路的工作原理如下：先合上电源开关 QS。

正转控制：

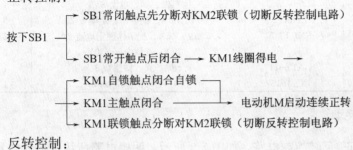

反转控制：

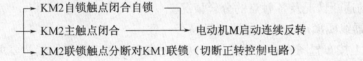

实训 2 双重联锁正/反转控制电路的安装

1. 实训目的

1）学会三相异步电动机双重联锁的正/反转控制的接线和操作方法。

2）理解联锁的概念。

3）理解三相异步电动机双重联锁的正/反转控制的基本原理。

2. 实训所需器材

1）工具：螺钉旋具、尖嘴钳、斜口钳、剥线钳、电工刀等。

2）仪表：MF47 型万用表、ZC25B-3 型兆欧表。

3）器材：

① 控制板一块。

② 导线规格：主电路采用 BV 1.5mm² 和 BVR 1.5mm²；控制电路采用 BV 1mm²；按钮线采用 BVR 0.75mm²；接地线采用 BVR 1.5mm²。导线数量由教师根据实际情况确定。

③ 紧固体和编码套管按实际需要提供。

④ 电器元件明细表见表 5-5。

表 5-5　元件明细表

代号	名称	型号	规格	数量
M	三相异步电动机	Y112M-4	4kW、380V、三角形接法；或自定	1
QS	组合开关	HZ10-25/3	三极、额定电流 25A	1
FU1	螺旋式熔断器	RL1-60/20	500V、60A、配熔体额定电流 20A	3
FU2	螺旋式熔断器	RL1-15/2	500V、15A、配熔体额定电流 2A	2
KM	交流接触器	CJ10-20	20A、线圈电压 380V	2
SB	按钮	LA10-3H	保护式、按钮数 3	1
XT	端子板	JX2-1015	10A、15 节、380V	1

3. 实训步骤及工艺要求

1）识读双重联锁的正/反转控制电路，如图 5-9 所示，明确电路所用电器元件及作用，熟悉电路的工作原理。

2）按表 5-5 配齐所用电器元件，并进行质量检验。

① 电器元件的技术数据（如型号、规格、额定电压、额定电流等）应完整并符合要求，外观无损伤，备件、附件齐全完好。

② 检查电器元件的电磁机构动作是否灵活，有无衔铁卡阻等不正常现象。用万用表检查电磁线圈的通断情况及各触点的分合情况。

③ 检查接触器线圈额定电压与电源电压是否一致。

3）在控制板上按布置图安装电器元件，并贴上醒目的文字符号。工艺要求如下。

① 走线通道应尽可能少，同一通道中的沉底导线，按主、控电路分类集中，单层平行密排，并紧贴敷设面。

② 同一平面的导线应高低一致或前后一致，不能交叉。当必须交叉时，该根导线应在接线端子引出时，水平架空跨越，但必须走线合理。

③ 布线应横平竖直，变换走向应垂直。

④ 导线与接线端子或线桩连接时，应不压绝缘层、不反圈及不露铜过长。并做到同一元件、同一回路的不同接点的导线间距离保持一致。

⑤ 一个电器元件接线端子上的连接导线不得超过两根，每节接线端子板上的连接导线一般只允许连接一根。

⑥ 布线时，严禁损伤线芯和导线绝缘。

⑦ 布线时，不在控制板上的电器元件要从端子排上引出。

4）按图 5-9 检验控制板布线正确性。

实验电路连接好后，应先自行进行认真仔细的检查，特别是二次接线，一般可采用万用表进行校正，以确认电路连接正确无误。

5）安装电动机。

6）连接电动机和按钮金属外壳的保护接地线。

7）连接电源、电动机等控制板外部的导线。

8）自检。

9）交验。

10）通电试车。

为保证人身安全，在通电试车时，要认真执行安全操作规程的有关规定，一人监护、一人操作。试车前应检查与通电试车有关的电气设备是否有不安全的因素存在，若查出应立即整改，然后方能试车。

4. 实验注意事项

1）电动机和按钮的金属外壳必须可靠接地。

2）电源进线应接在螺旋式熔断器底座的中心端上，出线应接在螺纹外壳上。

3）电动机必须安放平稳，以防在可逆运转时产生滚动而引起事故。

4）要注意电动机必须进行换相，否则，电动机只能进行单向运转。

5）要特别注意双重联锁触点不能接错，否则，将会造成主电路中两相电源短路事故。

6）接线时，不能将正/反转接触器的自锁触点进行互换，否则，只能进行点动控制。

7）通电校验时，应先合上 QS，再检验 SB2（或 SB3）及 SB1 按钮的控制是否正常，并在按 SB2 后再按 SB3，观察有无联锁作用。

8）接电前必须经教师检查无误后，才能通电操作。

9）实验中一定要注意安全操作。

 议一议

1. 在电动机正/反转控制电路中，为什么必须保证两个接触器不能同时工作？采用哪些措施可解决此问题，这些方法有何利弊，最佳方案是什么？

2. 在控制电路中，短路、过载、失压、欠压保护等功能是如何实现的？在实际运行过程中，这几种保护有何意义？

 练一练

双重联锁的正/反转控制电路的安装。

评一评

请对自己完成任务的情况进行评估，并填写下表。

评 分 标 准

项目内容	配分	评 分 标 准	扣分
装前检查	15	①电动机质量检查，每漏一处扣 3 分 ②电器元件漏检或错检，每处扣 2 分	
安装元件	15	①不按布置图安装，扣 10 分 ②元件安装不牢固，每只扣 2 分 ③安装元件时漏装螺钉，每只扣 0.5 分 ④元件安装不整齐、不匀称、不合理，每只扣 3 分 ⑤损坏元件，扣 10 分	

续表

项目内容	配分	评 分 标 准	扣分
布线	30	①不按电路图接线，扣 15 分 ②布线不符合要求： 　主电路，每根扣 2 分 　控制电路，每根扣 1 分 ③接点松动、接点露铜过长、压绝缘层、反圈等，每处扣 0.5 分 ④损伤导线绝缘或线芯，每根扣 0.5 分 ⑤漏接接地线，扣 10 分 ⑥标记线号不清楚、遗漏或误标，每处扣 0.5 分	
通电试车	40	①第一次试车不成功，扣 10 分 ②第二次试车不成功，扣 20 分 ③第三次试车不成功，扣 30 分	
安全文明生产		违反安全、文明生产规程，扣 5～40 分	
定额时间 150min		按每超时 5min 扣 5 分计算	
备注		除定额时间外，各项目的最高扣分不应超过配分数	成绩
开始时间		结束时间　　　　　　　　　　实际时间	

任务四　位置控制与自动循环控制电路

- 掌握三相异步电动机位置控制电路的组成。
- 掌握三相异步电动机位置控制电路的工作原理。

 任务教学方式

教学步骤	时间安排	教学方式
阅读教材	课余	自学、查资料、相互讨论
知识讲解	6 课时	重点讲授三相异步电动机的位置控制与自动循环控制电路及其工作原理
操作技能	4 课时	三相异步电动机的位置控制与自动循环控制电路的安装，采取学生训练和教师指导相结合

　　在生产过程，常遇到一些生产机械运动部件的行程或位置要受到限制，或者需要其运动部件在一定范围内自动往返循环等。而实现这种控制要求所依靠的主要电器是位置开关（又称限制开关）。

知识 1　位置控制电路

1. 位置控制电路

　　位置控制电路是用按钮、位置开关、接触器来控制电动机正/反转控制电路，如

图 5-10所示。

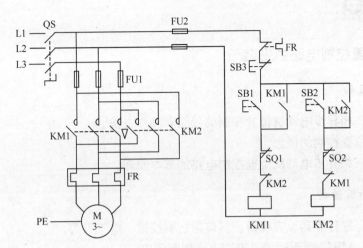

图 5-10 位置控制电路

2. 位置控制电路的工作原理

先合上电源开关 QS。

（1）行车向前运动

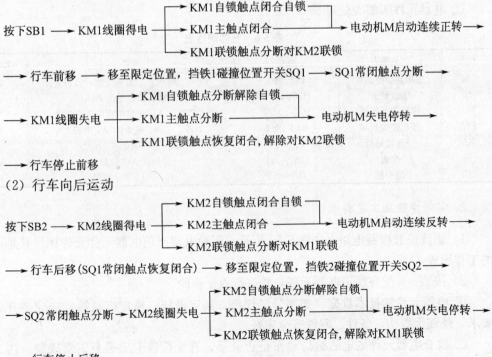

行车停止后移

停止时：

按下停止按钮 SB3 ——→控制电路失电——→KM1（或 KM2）主触点分断——→电动机 M 失电停转

做一做

实训 1 位置控制电路的安装

1. 实训目的

1）学会三相异步电动机位置控制的接线和操作方法。

2）理解位置控制的概念。

3）理解三相异步电动机位置控制电路的基本原理。

2. 实训所需器材

1）工具：螺钉旋具、尖嘴钳、斜口钳、剥线钳、电工刀等。

2）仪表：MF47 型万用表、ZC25B-3 型兆欧表。

3）器材：

① 控制板一块。

② 导线规格：主电路采用 BV 1.5mm² 和 BVR 1.5mm²；控制电路采用 BV 1mm²；按钮线采用 BVR 0.75mm²；接地线采用 BVR 1.5mm²。导线数量由教师根据实际情况确定。

③ 紧固体和编码套管按实际需要提供。

④ 电器元件明细表见表 5-6。

表 5-6　元件明细表

代号	名称	型号	规格	数量
M	三相异步电动机	Y112M-4	4kW、380V、三角形接法；或自定	1
QS	组合开关	HZ10-25/3	三极、额定电流 25A	1
FU1	螺旋式熔断器	RL1-60/20	500V、60A、配熔体额定电流 20A	3
FU2	螺旋式熔断器	RL1-15/2	500V、15A、配熔体额定电流 2A	2
KM	交流接触器	CJ10-20	20A、线圈电压 380V	1
SB	按钮	LA10-3H	保护式、按钮数 3	1
XT	端子板	JX2-1015	10A、15 节、380V	1

3. 实训步骤及工艺要求

1）识读位置控制电路，如图 5-10 所示，明确电路所用电器元件及作用，熟悉电路的工作原理。

2）按表 5-6 配齐所用电器元件，并进行质量检验。

① 电器元件的技术数据（如型号、规格、额定电压、额定电流等）应完整并符合要求，外观无损伤，备件、附件齐全完好。

② 检查电器元件的电磁机构动作是否灵活，有无衔铁卡阻等不正常现象。用万用表检查电磁线圈的通断情况及各触点的分合情况。

③ 检查接触器线圈额定电压与电源电压是否一致。

3）在控制板上按布置图安装电器元件，并贴上醒目的文字符号。工艺要求如下。

① 走线通道应尽可能少，同一通道中的沉底导线，按主、控电路分类集中，单层平行密排，并紧贴敷设面。

② 同一平面的导线应高低一致或前后一致，不能交叉。当必须交叉时，该根导线应在接线端子引出时，水平架空跨越，但必须走线合理。

③ 布线应横平竖直，变换走向应垂直。

④ 导线与接线端子或线桩连接时，应不压绝缘层、不反圈及不露铜过长。并做到同一元件、同一回路的不同接点的导线间距离保持一致。

⑤ 一个电器元件接线端子上的连接导线不得超过两根，每节接线端子板上的连接导线一般只允许连接一根。

⑥ 布线时，严禁损伤线芯和导线绝缘。

⑦ 布线时，不在控制板上的电器元件要从端子排上引出。

4）按图 5-11 检验控制板布线的正确性。

实验电路连接好后，学生应先自行进行认真仔细的检查，特别是二次接线，一般可采用万用表进行校线，以确认电路连接正确无误。

5）接电源、电动机等控制板外部的导线。

6）安装电动机。

7）连接电动机和按钮金属外壳的保护接地线。

8）连接电源、电动机等控制板外部的导线。

9）自检。

10）交验。

11）通电试车。

为保证人身安全，在通电试车时，要认真执行安全操作规程的有关规定，一人监护、一人操作。试车前应检查与通电试车有关的电气设备是否有不安全的因素存在，若查出应立即整改，然后方能试车。

图 5-11 位置控制电路的安装接线图

4. 实验注意事项

1）螺旋式熔断器的接线要正确，以确保用电安全。

2）位置开关接线必须正确，否则将会造成主电路两相电源短路事故。

3）通电试车时，应合上电源开关 QS，再按下 SB1（或 SB2）及 SB3，看控制是否正常，并在按下 SB1 后再按下 SB2，观察有无联锁作用。

4）训练应在规定定额时间内完成，同时要做到安全操作和文明生产。训练结束后，安装的控制板留用。

1. 什么是位置控制？
2. 三相异步电动机位置控制电路的优点和缺点是什么？如何克服此电路的不足？

位置控制电路的安装。

请对自己完成任务的情况进行评估，并填写下表。

评 分 标 准

项目内容	配分	评 分 标 准	扣分
装前检查	15	①电动机质量检查，每漏一处扣 3 分 ②电器元件漏检或错检，每处扣 2 分	
安装元件	15	①不按布置图安装，扣 10 分 ②元件安装不牢固，每只扣 2 分 ③安装元件时漏装螺钉，每只扣 0.5 分 ④元件安装不整齐、不匀称、不合理，每只扣 3 分 ⑤损坏元件，扣 10 分	
布线	30	①不按电路图接线，扣 15 分 ②布线不符合要求： 　主电路，每根扣 2 分 　控制电路，每根扣 1 分 ③接点松动、接点露铜过长、压绝缘层、反圈等，每处扣 0.5 分 ④损伤导线绝缘或线芯，每根扣 0.5 分 ⑤漏接接地线，扣 10 分 ⑥标记线号不清楚、遗漏或误标，每处扣 0.5 分	
通电试车	40	①第一次试车不成功，扣 10 分 ②第二次试车不成功，扣 20 分 ③第三次试车不成功，扣 30 分	
安全文明生产		违反安全、文明生产规程，扣 5～40 分	
定额时间 150min		按每超时 5min 扣 5 分计算	
备注		除定额时间外，各项目的最高扣分不应超过配分数	成绩
开始时间		结束时间　　　　　实际时间	

知识 2 自动循环控制电路

1. 自动循环控制电路

有些生产机械，要求工作台在一定距离内能自动往返，而自动往返通常是利用行程开关控制电动机的正反转来实现工作台的自动往返运动，如图 5-12 所示。

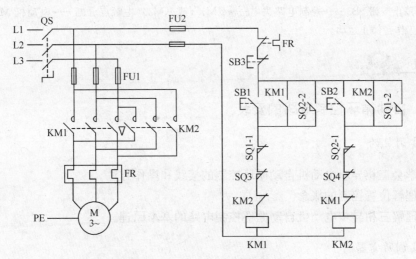

图 5-12 自动循环控制电路

2. 自动循环控制电路的工作原理

先合上电源开关 QS。

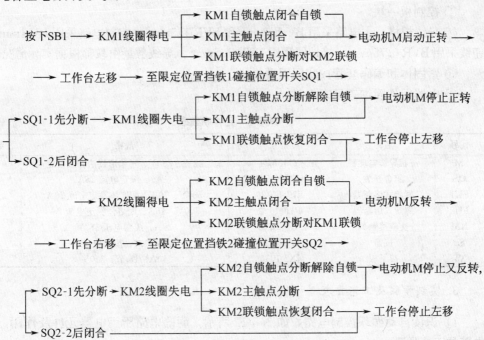

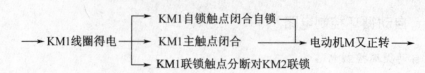

→ KM1线圈得电 →
- → KM1自锁触点闭合自锁 →
- → KM1主触点闭合 → → 电动机M又正转 →
- → KM1联锁触点分断对KM2联锁

→ 工作台左移 → ......，以后重复上述过程，工作台就在限定的行程内自动往返运动

停止时：

按下停止按钮 SB3 → 控制电路失电 → KM1（或 KM2）主触点分断 → 电动机 M 失电停转 → 工作台停止运动。

实训 2　自动循环控制电路的安装

1. 实训目的

1）学会三相异步电动机自动循环控制的接线和操作方法。
2）理解位置控制的概念。
3）理解三相异步电动机自动循环控制电路的基本原理。

2. 实训所需器材

1）工具：螺钉旋具、尖嘴钳、斜口钳、剥线钳、电工刀等。
2）仪表：MF47 型万用表、ZC25B-3 型兆欧表。
3）器材：
① 控制板一块。
② 导线规格：主电路采用 BV 1.5mm² 和 BVR 1.5mm²；控制电路采用 BV 1mm²；按钮线采用 BVR 0.75mm²；接地线采用 BVR 1.5mm²。导线数量由教师根据实际情况确定。
③ 紧固体和编码套管按实际需要提供。
④ 电器元件明细表见表 5-7。

表 5-7　元件明细表

代号	名称	型号	规格	数量
M	三相异步电动机	Y112M-4	4kW、380V、三角形接法；或自定	1
QS	组合开关	HZ10-25/3	三极、额定电流 25A	1
FU1	螺旋式熔断器	RL1-60/20	500V、60A、配熔体额定电流 20A	3
FU2	螺旋式熔断器	RL1-15/2	500V、15A、配熔体额定电流 2A	2
KM	交流接触器	CJ10-20	20A、线圈电压 380V	1
SB	按钮	LA10-3H	保护式、按钮数 3	1
XT	端子板	JX2-1015	10A、15 节、380V	1

3. 实训步骤及工艺要求

1）识读自动循环控制电路，如图 5-12 所示，明确电路所用电器元件及作用，熟悉电路的工作原理。

2）按表5-7配齐所用电器元件，并进行质量检验。

① 电器元件的技术数据（如型号、规格、额定电压、额定电流等）应完整并符合要求，外观无损伤，备件、附件齐全完好。

② 检查电器元件的电磁机构动作是否灵活，有无衔铁卡阻等不正常现象。用万用表检查电磁线圈的通断情况及各触点的分合情况。

③ 检查接触器线圈额定电压与电源电压是否一致。

3）在控制板上按布置图安装电器元件，并贴上醒目的文字符号。工艺要求如下。

① 走线通道应尽可能少，同一通道中的沉底导线，按主、控电路分类集中，单层平行密排，并紧贴敷设面。

② 同一平面的导线应高低一致或前后一致，不能交叉。当必须交叉时，该根导线应在接线端子引出时，水平架空跨越，但必须走线合理。

③ 布线应横平竖直，变换走向应垂直。

④ 导线与接线端子或线桩连接时，应不压绝缘层、不反圈及不露铜过长。并做到同一元件、同一回路的不同接点的导线间距离保持一致。

⑤ 一个电器元件接线端子上的连接导线不得超过两根，每节接线端子板上的连接导线一般只允许连接一根。

⑥ 布线时，严禁损伤线芯和导线绝缘。

⑦ 布线时，不在控制板上的电器元件要从端子排上引出。

4）按图5-13检验控制板布线的正确性。

实验电路连接好后，学生应先自行进行认真仔细的检查，特别是二次接线，一般可采用万用表进行校线，以确认电路连接正确无误。

5）接电源、电动机等控制板外部的导线。

6）安装电动机。

7）连接电动机和按钮金属外壳的保护接地线。

8）连接电源、电动机等控制板外部的导线。

9）自检。

10）交验。

11）通电试车。

为保证人身安全，在通电试车时，要认真执行安全操作规程的有关规定，一人监护、一人操作。试车前应检查与通电试车有关的电气设备是否有不安全的因素存在，若查出应立即整改，然后方能试车。

4. 实验注意事项

1）螺旋式熔断器的接线要正确，以确保用电安全。

2）位置开关接线必须正确，否则将会造成主电路两相电源短路事故。

3）通电试车时，应合上电源开关QS，再按下SB1（或SB2）及SB3，看控制是否正常，并在按下SB1后再按下SB2，观察有无联锁作用。

4）训练应在规定定额时间内完成，同时要做到安全操作和文明生产。训练结束后，安装的控制板留用。

图 5-13　自动循环控制电路的安装接线图

1. 什么是自动循环控制？
2. 自动循环控制电路的优点和缺点是什么？如何克服此电路的不足？

自动循环控制电路的安装。

评一评

请对自己完成任务的情况进行评估，并填写下表。

评 分 标 准

项目内容	配分	评 分 标 准	扣分
装前检查	15	①电动机质量检查，每漏一处扣3分 ②电器元件漏检或错检，每处扣2分	
安装元件	15	①不按布置图安装，扣10分 ②元件安装不牢固，每只扣2分 ③安装元件时漏装螺钉，每只扣0.5分 ④元件安装不整齐、不匀称、不合理，每只扣3分 ⑤损坏元件，扣10分	
布线	30	①不按电路图接线，扣15分 ②布线不符合要求： 　主电路，每根扣2分 　控制电路，每根扣1分 ③接点松动、接点露铜过长、压绝缘层、反圈等，每处扣0.5分 ④损伤导线绝缘或线芯，每根扣0.5分 ⑤漏接接地线，扣10分 ⑥标记线号不清楚、遗漏或误标，每处扣0.5分	

续表

项目内容	配分	评分标准	扣分
通电试车	40	①第一次试车不成功，扣 10 分 ②第二次试车不成功，扣 20 分 ③第三次试车不成功，扣 30 分	
安全文明生产		违反安全、文明生产规程，扣 5～40 分	
定额时间 180min		按每超时 5min 扣 5 分计算	
备注		除定额时间外，各项目的最高扣分不应超过配分数	成绩
开始时间		结束时间	实际时间

任务五　降压启动控制电路

 **任务目标**

- 掌握三相异步电动机降压启动控制电路的组成。
- 掌握三相异步电动机降压启动控制电路的工作原理。

任务教学方式

教学步骤	时间安排	教学方式
阅读教材	课余	自学、查资料、相互讨论
知识讲解	6 课时	重点讲授三相异步电动机降压启动控制电路及其工作原理
操作技能	4 课时	三相异步电动机降压启动控制电路的安装，采取学生训练和教师指导相结合

 **读一读**

　　三相笼式异步电动机采用全压直接启动时，控制电路简单，维修工作量较少。但是，并不是所有异步电动机在任何情况下都可以采用全压启动。这是因为异步电动机的全压启动电流一般可达额定电流的 4～7 倍。过大的启动电流会降低电动机寿命，致使变压器二次电压大幅度下降，减少电动机本身的启动转矩，甚至使电动机根本无法启动，还要影响同一供电网路中其他设备的正常工作。如何判断一台电动机能否全压启动呢？一般规定，电源容量在 180kVA 以上，电动机容量在 7kW 以下者，可直接启动。7kW 以上的异步电动机是否允许直接启动，要根据电动机容量和电源变压器容量的比值来确定。对于给定容量的电动机，一般用下面的经验公式来估计。

$$\frac{I_{SI}}{I_N} \leqslant \frac{3}{4} + \frac{\text{电源变压器容量（kVA）}}{4 \times \text{电动机功率（kW）}}$$

　　式中，I_{ST}——电动机全电压启动电流（A）；

I_N——电动机额定电流（A）。

若计算结果满足上述经验公式，一般可以全压启动，否则不予全压启动，应考虑采用降压启动。有时，为了限制和减少启动转矩对机械设备的冲击作用，允许全压启动的电动机，也多采用降压启动方式。

三相笼式异步电动机降压启动的方法有以下几种：定子电路串电阻（或电抗）降压启动、Y-△降压启动、自耦变压器降压启动、延边三角形降压启动等。使用这些方法都是为了限制启动电流（一般降低电压后的启动电流为电动机额定电流的 2～3 倍），减小供电干线的电压降落，保障各个用户的电气设备正常运行。

知识1 定子绕组串电阻降压启动控制电路

1. 定子绕组串电阻降压启动控制电路

定子绕组串电阻降压启动控制电路是用按钮、时间继电器、接触器来控制电动机串电阻控制电路，如图 5-14 所示。

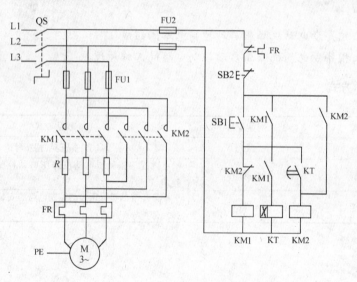

图 5-14 定子绕组串电阻降压启动控制电路

2. 定子绕组串电阻降压启动控制电路的工作原理

先合上电源开关 QS。

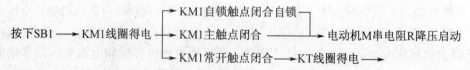

至转速上升到一定值时
→ KT常开触点延时闭合 → KM2线圈得电 →

→ KM2自锁触点闭合自锁 ─────→ 电动机M全压运转

→ KM2主触点闭合，R短接

→ KM2联锁触点先分断 ──→ KM1线圈失电 ──→ KM1的触点全部复位分断 ──→

── KT线圈失电 ──→ KT常开触点瞬时分断。

停止时：

按下停止按钮 SB3 ──→ 控制电路失电 ──→ KM1（或 KM2）主触点分断 ──→ 电动机 M 失电停转

做一做

实训1　定子绕组串电阻降压启动控制电路的安装

1. 实训目的

1）学会三相异步电动机定子绕组串电阻降压启动控制的接线和操作方法。

2）理解降压启动的概念。

3）理解三相异步电动机定子绕组串电阻降压启动控制电路的基本原理。

2. 实训所需器材

1）工具：螺钉旋具、尖嘴钳、斜口钳、剥线钳、电工刀等。

2）仪表：MF47 型万用表、ZC25B-3 型兆欧表。

3）器材：

① 控制板一块。

② 导线规格：主电路采用 BV 1.5mm² 和 BVR 1.5mm²；控制电路采用 BV 1mm²；按钮线采用 BVR 0.75mm²；接地线采用 BVR 1.5mm²。导线数量由教师根据实际情况确定。

③ 紧固体和编码套管按实际需要提供。

④ 电器元件明细表见表 5-8。

表 5-8　元件明细表

代号	名称	型号	规格	数量
M	三相异步电动机	Y112M-4	7kW、380V、三角形接法；或自定	1
QS	组合开关	HZ10-25/3	三极、额定电流 25A	1
FU1	螺旋式熔断器	RL1-60/30	500V、60A、配熔体额定电流 30A	3
FU2	螺旋式熔断器	RL1-15/2	500V、15A、配熔体额定电流 2A	2
KM	交流接触器	CJ10-20	20A、线圈电压 380V	1
SB	按钮	LA10-3H	保护式、按钮数 3	1
KT	时间继电器	JS7-2A	线圈电压 380V	1
FR	热继电器	JR16-20/3	20A	1
R	电阻器	ZX2-2/0.7	7Ω	3
XT	端子板	JX2-1015	10A、15 节、380V	1

3. 实训步骤及工艺要求

1）识读串电阻降压启动控制电路，如图 5-14 所示，明确电路所用电器元件及作用，熟悉电路的工作原理。

2）按表 5-8 配齐所用电器元件，并进行质量检验。

① 电器元件的技术数据（如型号、规格、额定电压、额定电流等）应完整并符合要求，外观无损伤，备件、附件齐全完好。

② 检查电器元件的电磁机构动作是否灵活，有无衔铁卡阻等不正常现象。用万用表检查电磁线圈的通断情况及各触点的分合情况。

③ 检查接触器线圈额定电压与电源电压是否一致。

3）布线时还应符合平直、整齐、紧贴敷设面、走线合理及接点不得松动等要求，具体注意以下几点。

① 走线通道应尽可能少，同一通道中的沉底导线，按主、控电路分类集中，单层平行密排，并紧贴敷设面。

② 同一平面的导线应高低一致或前后一致，不能交叉。当必须交叉时，该根导线应在接线端子引出时，水平架空跨越，但必须走线合理。

③ 布线应横平竖直，变换走向应垂直。

④ 导线与接线端子或线桩连接时，应不压绝缘层、不反圈及不露铜过长。并做到同一元件、同一回路的不同接点的导线间距离保持一致。

⑤ 一个电器元件接线端子上的连接导线不得超过两根，每节接线端子板上的连接导线一般只允许连接一根。

⑥ 布线时，严禁损伤线芯和导线绝缘。

⑦ 布线时，不在控制板上的电器元件要从端子排上引出。

4）按图 5-15 检验控制板布线的正确性。

实验电路连接好后，学生应先自行进行认真仔细的检查，特别是二次接线，一般可采用万用表进行校线，以确认电路连接正确无误。

5）安装电动机、电阻器。

6）连接电动机和按钮金属外壳的保护接地线。

7）连接电源、电动机等控制板外部的导线。

8）自检。

9）交验。

10）检查无误后通电试车。

为保证人身安全，在通电试车时，要认真执行安全操作规程的有关规定，一人监护、一人操作。试车前应检查与通电试车有关的电气设备是否有不安全的因素存在，若查出应立即整改，然后方能试车。

4. 实验注意事项

1）电动机、时间继电器、接线端子板的不带电金属外壳或底板应可靠接地。

2）电源进线应接在螺旋式熔断器底座的中心端上，出线应接在螺纹外壳上。

3）接线时，要注意短接电阻器的接触器 KM2 在主电路的接线不能接错，否则，会由相序接反而造成电动机反转。

4）时间继电器的安装，必须使继电器在断电后，动铁心释放时的运动方向垂直向下。

5）时间继电器和热继电器的整定值，应在不通电时预先整定好，并在试车时校正。

6）实验中一定要注意安全操作。

图 5-15　定子绕组串电阻降压启动控制电路的安装接线图

 议一议

三相异步电动机串电阻降压启动的优点和缺点各是什么？

练一练

三相异步电动机定子绕组串电阻降压启动控制电路的接线方法。

 评一评

评 分 标 准

项目内容	配分	评分标准	扣分
装前检查	15	①电动机质量检查，每漏一处扣3分 ②电器元件漏检或错检，每处扣2分	
安装元件	15	①不按布置图安装，扣10分 ②元件安装不牢固，每只扣2分 ③安装元件时漏装螺钉，每只扣0.5分 ④元件安装不整齐、不匀称、不合理，每只扣3分 ⑤损坏元件，扣10分	

续表

项目内容	配分	评 分 标 准	扣分
布线	30	①不按电路图接线，扣 15 分 ②布线不符合要求： 　主电路，每根扣 2 分 　控制电路，每根扣 1 分 ③接点松动、接点露铜过长、压绝缘层、反圈等，每处扣 0.5 分 ④损伤导线绝缘或线芯，每根扣 0.5 分 ⑤漏接接地线，扣 10 分 ⑥标记线号不清楚、遗漏或误标，每处扣 0.5 分	
通电试车	40	①第一次试车不成功，扣 10 分 ②第二次试车不成功，扣 20 分 ③第三次试车不成功，扣 30 分	
安全文明生产		违反安全、文明生产规程，扣 5～40 分	
定额时间 180min		按每超时 5min 扣 5 分计算	
备注		除定额时间外，各项目的最高扣分不应超过配分数	成绩
开始时间		结束时间　　　　　　　　　实际时间	

知识 2　Y-△降压启动控制电路

1. Y-△降压启动控制电路

星形—三角形（Y-△）降压启动是指电动机启动时，把定子绕组接成星形，以降低启动电压，减小启动电流；待电动机启动后，再把定子绕组改接成三角形，使电动机全压运行。Y-△启动只能用于正常运行时为三角形接法的电动机，如图 5-16 所示。

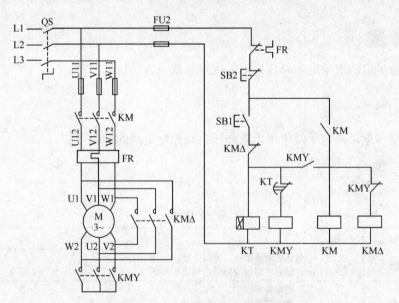

图 5-16　Y-△降压启动控制电路

2．Y-△降压启动控制电路的工作原理

先合上电源开关 QS。

Y-△降压启动：

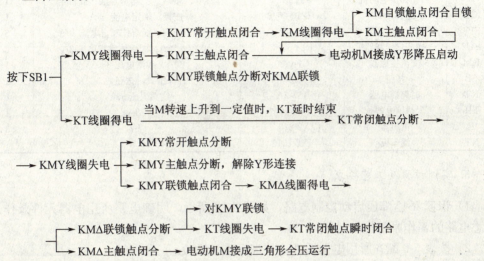

停止时：

按下停止按钮 SB2 ——→控制电路失电——→KM1（或 KM2）主触点分断——→电动机 M 失电停转

做一做

实训 2　Y-△降压启动控制电路的安装

1．实训目的

1）学会三相异步电动机 Y-△自动降压启动控制的接线和操作方法。

2）理解三相异步电动机 Y-△自动降压启动的概念。

3）理解三相异步电动机 Y-△自动降压启动的基本原理。

4）了解时间继电器的作用和动作情况。

2．实训所需器材

1）工具：螺钉旋具、尖嘴钳、斜口钳、剥线钳、电工刀等。

2）仪表：MF47 型万用表、ZC25B-3 型兆欧表。

3）器材：

① 控制板一块。

② 导线规格：主电路采用 BV 1.5mm² 和 BVR 1.5mm²；控制电路采用 BV 1mm²；按钮线采用 BVR 0.75mm²；接地线采用 BVR 1.5mm²。导线数量由教师根据实际情况确定。

③ 紧固体和编码套管按实际需要提供。

④ 电器元件明细表见表 5-9。

表 5-9　元件明细表

代号	名称	型号	规格	数量
M	三相异步电动机	Y112M-4	7kW、380V、三角形接法；或自定	1
QS	组合开关	HZ10-25/3	三极、额定电流 25A	1
FU1	螺旋式熔断器	RL1-60/30	500V、60A、配熔体额定电流 30A	3
FU2	螺旋式熔断器	RL1-15/2	500V、15A、配熔体额定电流 2A	2
KM	交流接触器	CJ10-20	20A、线圈电压 380V	1
SB	按钮	LA10-3H	保护式、按钮数 3	1
KT	时间继电器	JS7-2A	线圈电压 380V	1
FR	热继电器	JR16-20/3	20A	1
R	电阻器	ZX2-2/0.7	7Ω	3
XT	端子板	JX2-1015	10A、15 节、380V	1

3. 实训步骤及工艺要求

1）识读 Y-△降压启动控制电路，如图 5-16 所示，明确电路所用电器元件及作用，熟悉电路的工作原理。

2）按表 5-9 配齐所用电器元件，并进行质量检验。

① 电器元件的技术数据（如型号、规格、额定电压、额定电流等）应完整并符合要求，外观无损伤，备件、附件齐全完好。

② 检查电器元件的电磁机构动作是否灵活，有无衔铁卡阻等不正常现象。用万用表检查电磁线圈的通断情况及各触点的分合情况。

③ 检查接触器线圈额定电压与电源电压是否一致。

3）在控制板上安装走线槽和所有电器元件，并贴上醒目的文字符号。安装走线槽时，应做到横平竖直、排列整齐匀称、安装牢固和便于走线等。板前线槽配线的具体工艺要求如下。

① 布线时，严禁损伤线芯和导线绝缘。

② 各电器元件接线端子引出导线的走向，以元件的水平中心线为界限，必须进入元件的走线槽。任何导线都不允许从水平方向进入走线槽内。

③ 各电器元件接线端子上引出或引入的导线，除间距很小和元件机械强度很差允许直接架空敷设外，其他导线必须经过走线槽进行连接。

④ 进入走线槽内的导线要完全置于走线槽内，并应尽可能避免交叉，装线不要超过其容量的 70%，以便于能盖上线槽盖和以后的装配及维修。

⑤ 各电器元件与走线槽之间的外露导线，应走线合理，并尽可能做到横平竖直，变换走向要垂直。同一个元件上位置一致的端子和同型号电器元件中位置一致的端子上引出或引入的导线，要敷设在同一平面上，并应做到高低一致或前后一致，不得交叉。

⑥ 所有接线端子、导线线点上都应套有与电路图上相应接点线号一致的编码套管，并按线号进行连接，连接必须牢靠，不得松动。

⑦ 在任何情况下，接线端子必须与导线截面积和材料性质相适应。当接线端子不适合连接软线或较小截面积的软线时，可以在导线端点穿上针形或叉形轧点并压紧。

4）按图 5-17 检验控制板布线的正确性。

图 5-17　Y-△降压力启动控制电路的安装接线图

　　实验电路连接好后，学生应先自行进行认真仔细的检查，特别是二次接线，一般可采用万用表进行校正，以确认电路连接正确无误。

5）安装电动机、电阻器。

6）连接电动机和按钮金属外壳的保护接地线。

7）连接电源、电动机等控制板外部的导线。

8）自检。

9）交验。

10）检查无误后通电试车。

　　为保证人身安全，在通电试车时，要认真执行安全操作规程的有关规定，一人监护、一人操作。试车前应检查与通电试车有关的电气设备是否有不安全的因素存在，若查出应立即整改，然后方能试车。

　　4．实验注意事项

1）电动机、时间继电器、接线端子板的不带电金属外壳或底板应可靠接地。

2）电源进线应接在螺旋式熔断器底座的中心端上，出线应接在螺纹外壳上。

3）进行 Y-△启动控制的电动机，必须是有 6 个出线端子且定子绕组在三角形接法时的额定电压等于三相电源线电压的电动机。

4）接线时要注意电动机的三角形接法不能接错，应将电动机定子绕组的 U1、V1、W1 通过 KM 三角形接触器分别与 W2、U2、V2 连接，否则，会使电动机在三角形接法时造成三相绕组各接同一相电源或其中一相绕组接入同一相电源而无法工作等故障。

5）KMY 接触器的进线必须从三相绕组的末端引入，若误将首端引入，则在 KMY 接触器吸合时，会产生三相电源短路事故。

6）通电校验前要检查一下熔体规格及各整定值是否符合原理图的要求。

7）接电前必须经教师检查无误后，才能通电操作。

8）实验中一定要注意安全操作。

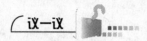

三相异步电动机 Y-△降压启动的优点和缺点各是什么？如何克服此电路的不足？

三相异步电动机 Y-△降压启动控制电路的接线方法。

评 分 标 准

项目内容	配分	评 分 标 准	扣分
装前检查	15	①电动机质量检查，每漏一处扣3分 ②电器元件漏检或错检，每处扣2分	
安装元件	15	①不按布置图安装，扣10分 ②元件安装不牢固，每只扣2分 ③安装元件时漏装螺钉，每只扣0.5分 ④元件安装不整齐、不匀称、不合理，每只扣3分 ⑤损坏元件，扣10分	
布线	30	①不按电路图接线，扣15分 ②布线不符合要求： 　主电路，每根扣2分 　控制电路，每根扣1分 ③接点松动、接点露铜过长、压绝缘层、反圈等，每处扣0.5分 ④损伤导线绝缘或线芯，每根扣0.5分 ⑤漏接接地线，扣10分 ⑥标记线号不清楚、遗漏或误标，每处扣0.5分	
通电试车	40	①第一次试车不成功，扣10分 ②第二次试车不成功，扣20分 ③第三次试车不成功，扣30分	
安全文明生产		违反安全、文明生产规程，扣5～40分	
定额时间 180min		按每超时5min扣5分计算	
备注		除定额时间外，各项目的最高扣分不应超过配分数	成绩
开始时间		结束时间	实际时间

任务六　制动控制电路

- 掌握三相异步电动机典型制动控制电路的组成。
- 掌握三相异步电动机典型制动控制电路的工作原理。

任务教学方式

教学步骤	时间安排	教学方式
阅读教材	课余	自学、查资料、相互讨论
知识讲解	6课时	重点讲授三相异步电动机的制动控制电路及其工作原理
操作技能	4课时	三相异步电动机制动控制电路的安装,采取学生训练和教师指导相结合

许多机床,如万能铣床、卧式镗床、组合机床等,都要求能迅速停车和准确定位。三相异步电动机从切断电源到安全停止旋转,由于惯性的关系总要经过一段时间,这样就使得非生产时间拖长,影响了劳动生产率,不能适应某些生产机械的工艺要求。在实际生产中,为了保证工作设备的可靠性和人身安全,为了实现快速、准确停车,缩短辅助时间,提高生产机械的效率,对要求停转的电动机采取措施,强迫其迅速停车,这就叫"制动"。电气制动有反接制动、能耗制动、回馈制动等,它实质上是使电动机产生一个与原来转子的转动方向相反的制动转矩。机床中经常应用的电气制动是反接制动和能耗制动。

知识1　反接制动控制电路

1. 反接制动控制电路

反接制动是利用改变电动机电源的相序,使定子绕组产生相反方向的旋转磁场,因而产生制动转矩的一种制动方法。

原理:改变电动机任意两相电源相序以产生制动转矩。

特点:设备简单,制动力矩较大,冲击强烈,准确度不高。

适用场合:要求制动迅速,制动不频繁(如各种机床的主轴制动)。

2. 典型电路介绍

反接制动控制电路,分为单向反接制动控制电路和可逆反接制动控制电路。

(1) 单向反接制动控制电路

单向反接制动的控制电路,如图5-18所示。

单向反接制动的控制电路的工作原理:先合上电源开关QS。

单向启动:

按下SB1 ⟶ KM1线圈得电 ⟶ KM1自锁触点闭合自锁

KM1主触点闭合 ⟶ 电动机M启动运转

KM1联锁触点分断对KM2联锁

⟶ 至电动机转速上升到一定值(120r/min左右)时⟶ KS常开触点闭合为制动作准备

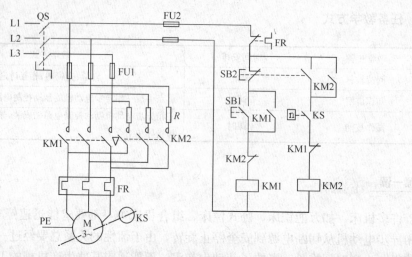

图 5-18　单向反接制动控制电路

反接制动：

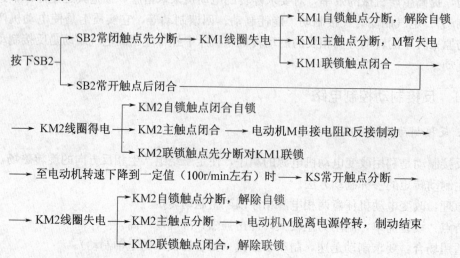

（2）可逆反接制动控制电路

可逆反接制动控制电路，如图 5-19 所示。

可逆反接制动控制电路工作原理：先合上电源开关 QS。

正转启动运转：

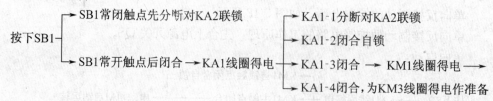

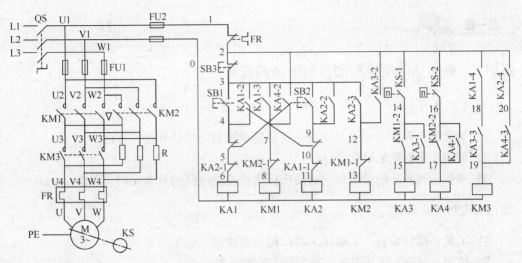

图 5-19 可逆反接制动控制电路

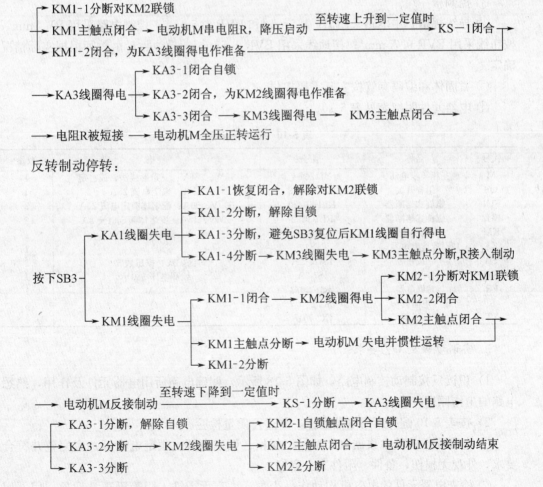

做一做

实训 1　单向启动反接制动控制电路的安装

1. 实训目的

1）学会三相异步电动机单向启动反接制动控制的接线和操作方法。

2）理解反接制动的概念。

3）理解三相异步电动机单向启动反接制动控制电路的基本原理。

2. 实训所需器材

1）工具：螺钉旋具、尖嘴钳、斜口钳、剥线钳、电工刀等。

2）仪表：MF47 型万用表、ZC25B-3 型兆欧表。

3）器材：

① 控制板一块。

② 导线规格：主电路采用 BV 1.5mm² 和 BVR 1.5mm²；控制电路采用 BV 1mm²；按钮线采用 BVR 0.75mm²；接地线采用 BVR 1.5mm²。导线数量由教师根据实际情况确定。

③ 紧固体和编码套管按实际需要提供。

④ 电器元件明细表见表 5-10。

表 5-10　元件明细表

代号	名称	型号	规格	数量
M	三相异步电动机	Y112M-4	4kW、380V、三角形接法；或自定	1
QS	组合开关	HZ10-25/3	三极、额定电流 25A	1
FU1	螺旋式熔断器	RL1-60/20	500V、60A、配熔体额定电流 20A	3
FU2	螺旋式熔断器	RL1-15/2	500V、15A、配熔体额定电流 2A	2
KM	交流接触器	CJ10-20	20A、线圈电压 380V	1
KS	速度继电器	JY1		1
SB	按钮	LA10-3H	保护式、按钮数 3	1
KT	时间继电器	JS7-2A	线圈电压 380V	1
FR	热继电器	JR16-20/3	20A	1
R	电阻器	ZX2-2/0.7	7Ω	3
XT	端子板	JX2-1015	10A、15 节、380V	1

3. 实训步骤及工艺要求

1）识读反接制动控制电路，如图 5-18 所示，明确电路所用电器元件及作用，熟悉电路的工作原理。

2）按表 5-10 配齐所用电器元件，并进行质量检验。

① 电器元件的技术数据（如型号、规格、额定电压、额定电流等）应完整并符合要求，外观无损伤，备件、附件齐全完好。

② 检查电器元件的电磁机构动作是否灵活，有无衔铁卡阻等不正常现象。用万用

表检查电磁线圈的通断情况及各触点的分合情况。

③ 接触器线圈额定电压与电源电压是否一致。

3）布线时还应符合平直、整齐、紧贴敷设面、走线合理及接点不得松动等要求，具体应注意以下几点。

① 走线通道应尽可能少，同一通道中的沉底导线，按主、控电路分类集中，单层平行密排，并紧贴敷设面。

② 同一平面的导线应高低一致或前后一致，不能交叉。当必须交叉时，该根导线应在接线端子引出时，水平架空跨越，但必须走线合理。

③ 布线应横平竖直，变换走向应垂直。

④ 导线与接线端子或线桩连接时，应不压绝缘层、不反圈及不露铜过长。并做到同一元件、同一回路的不同接点的导线间距离保持一致。

⑤ 一个电器元件接线端子上的连接导线不得超过两根，每节接线端子板上的连接导线一般只允许连接一根。

⑥ 布线时，严禁损伤线芯和导线绝缘。

⑦ 布线时，不在控制板上的电器元件要从端子排上引出。

4）按图 5-20 检验控制板布线的正确性。

图 5-20 单向启动反接制动控制电路的安装接线图

实验电路连接好后，学生应先自行进行认真仔细的检查，特别是二次接线，一般可采用万用表进行校线，以确认电路连接正确无误。

5）安装电动机、电阻器。

6）连接电动机和按钮金属外壳的保护接地线。

7）连接电源、电动机等控制板外部的导线。

8）自检。

9）交验。

10）检查无误后通电试车。

为保证人身安全，在通电试车时，要认真执行安全操作规程的有关规定，一人监护、一人操作。试车前应检查与通电试车有关的电气设备是否有不安全的因素存在，若查出应立即整改，然后方能试车。

4. 实验注意事项

1）安装速度继电器前，要弄清其结构，注意速度继电器触点的方向。

2）速度继电器安装时，速度继电器的连接点与电动机转轴直接连接，并使两轴中心线重合。

3）通电试车时，若制动不正常，可检查速度继电器是否符合规定要求。

4）反接制动的电流（制动冲击力）较大，在主电路中串入限流电阻 R。

5）制动操作不易过于频繁。

6）实验中一定要注意安全操作。

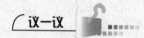

三相异步电动机反接制动控制电路的优点和缺点各是什么？

三相异步电动机反接制动控制电路的接线方法。

请对自己完成任务的情况进行评估，并填写下表。

评 分 标 准

项目内容	配分	评 分 标 准	扣分
装前检查	15	①电动机质量检查，每漏一处扣 3 分 ②电器元件漏检或错检，每处扣 2 分	
安装元件	15	①不按布置图安装，扣 10 分 ②元件安装不牢固，每只扣 2 分 ③安装元件时漏装螺钉，每只扣 0.5 分 ④元件安装不整齐、不匀称、不合理，每只扣 3 分 ⑤损坏元件，扣 10 分	
布线	30	①不按电路图接线，扣 15 分 ②布线不符合要求： 　主电路，每根扣 2 分 　控制电路，每根扣 1 分 ③接点松动、接点露铜过长、压绝缘层、反圈等，每处扣 0.5 分 ④损伤导线绝缘或线芯，每根扣 0.5 分 ⑤漏接接地线，扣 10 分 ⑥标记线号不清楚、遗漏或误标，每处扣 0.5 分	

项目内容	配分	评分标准	扣分
通电试车	40	①第一次试车不成功，扣 10 分 ②第二次试车不成功，扣 20 分 ③第三次试车不成功，扣 30 分	
安全文明生产		违反安全、文明生产规程，扣 5～40 分	
定额时间 180min		按每超时 5min 扣 5 分计算	
备注		除定额时间外，各项目的最高扣分不应超过配分数	成绩
开始时间		结束时间	实际时间

知识 2 能耗制动控制电路

1. 能耗制动控制电路

能耗制动是电动机脱离三相交流电源后，给定子绕组加一直流电源，以产生静止磁场，起阻止旋转的作用，达到制动的目的。

原理：制动时，切除定子绕组的三相电源，同时接通直流电源，产生静止磁场，使惯性转动的转子在静止磁场的作用下产生制动转矩。

特点：能耗小，需直流电源，设备费用高。制动准确度较高，制动转矩平滑，但制动力较弱，制动转矩与转速成比例减小。

适用场合：要求平稳制动，停位准确（如铣床、龙门刨床及组合机床的主轴定位等）。

2. 典型电路介绍

（1）单相半波整流能耗制动控制电路

单相半波整流能耗制动控制电路，如图 5-21 所示。

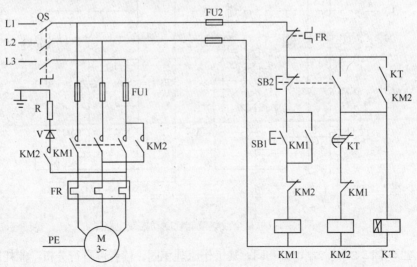

图 5-21 单相半波整流能耗制动控制电路

单相半波整流能耗制动控制电路工作原理：先合上电源开关 QS。

单向启动运转：

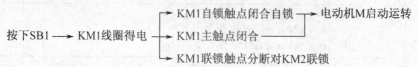

能耗制动停转：

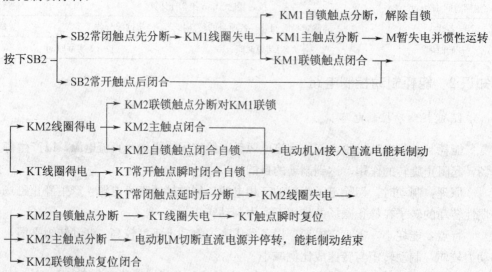

（2）单相全波整流能耗制动控制电路

单相全波整流能耗制动控制电路，如图 5-22 所示。

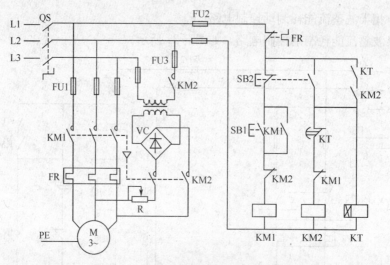

图 5-22　单相全波整流能耗制动控制电路

图 5-22 与图 5-21 的控制电路相同，其工作原理相同，读者可自行分析。能耗制动的优点是制动准确、平稳，且能量消耗较小。缺点是需附加直流电源装置，设备费用较高，制动力较弱，在低速时制动力矩小。因此，能耗制动一般用于要求制动准确、平稳的场合。

做一做

实训 2　单相半波整流能耗制动控制电路的安装

1. 实训目的

1）学会三相异步电动机单相半波整流能耗制动控制的接线和操作方法。

2）理解能耗制动的概念。

3）理解三相异步电动机单相半波整流能耗制动控制电路的基本原理。

2. 实训所需器材

1）工具：螺钉旋具、尖嘴钳、斜口钳、剥线钳、电工刀等。

2）仪表：MF47 型万用表、ZC25B-3 型兆欧表。

3）器材：

① 控制板一块。

② 导线规格：主电路采用 BV 1.5mm^2 和 BVR 1.5mm^2；控制电路采用 BV 1mm^2；按钮线采用 BVR 0.75mm^2；接地线采用 BVR 1.5mm^2。导线数量由教师根据实际情况确定。

③ 紧固体和编码套管按实际需要提供。

④ 电器元件明细表见表 5-11。

表 5-11　元件明细表

代号	名称	型号	规格	数量
M	三相异步电动机	Y112M-4	4kW、380V、三角形接法；或自定	1
QS	组合开关	HZ10-25/3	三极、额定电流 25A	1
FU1	螺旋式熔断器	RL1-60/20	500V、60A、配熔体额定电流 20A	3
FU2	螺旋式熔断器	RL1-15/2	500V、15A、配熔体额定电流 2A	2
KM	交流接触器	CJ10-20	20A、线圈电压 380V	1
KS	速度继电器	JY1		1
SB	按钮	LA10-3H	保护式、按钮数 3	1
KT	时间继电器	JS7-2A	线圈电压 380V	1
FR	热继电器	JR16-20/3	20A	1
R	制动电阻		0.5Ω、50W	1
XT	端子板	JX2-1015	10A、15 节、380V	1

3. 实训步骤及工艺要求

1）识读单相半波整流能耗制动控制电路，如图 5-21 所示，明确电路所用电器元件及作用，熟悉电路的工作原理。

2）按表 5-11 配齐所用电器元件，并进行质量检验。

① 电器元件的技术数据（如型号、规格、额定电压、额定电流等）应完整并符合要求，外观无损伤，备件、附件齐全完好。

② 检查电器元件的电磁机构动作是否灵活，有无衔铁卡阻等不正常现象。用万用表检查电磁线圈的通断情况以及各触点的分合情况。

③ 检查接触器线圈额定电压与电源电压是否一致。

3）布线时还应符合平直、整齐、紧贴敷设面、走线合理及接点不得松动等要求，具体应注意以下几点。

① 走线通道应尽可能少，同一通道中的沉底导线，按主、控电路分类集中，单层平行密排，并紧贴敷设面。

② 同一平面的导线应高低一致或前后一致，不能交叉。当必须交叉时，该根导线应在接线端子引出时，水平架空跨越，但必须走线合理。

③ 布线应横平竖直，变换走向应垂直。

④ 导线与接线端子或线桩连接时，应不压绝缘层、不反圈及不露铜过长。并做到同一元件、同一回路的不同接点的导线间距离保持一致。

⑤ 一个电器元件接线端子上的连接导线不得超过两根，每节接线端子板上的连接导线一般只允许连接一根。

⑥ 布线时，严禁损伤线芯和导线绝缘。

⑦ 布线时，不在控制板上的电器元件要从端子排上引出。

4）按图 5-23 检验控制板布线的正确性。

实验电路连接好后，学生应先自行进行认真仔细的检查，特别是二次接线，一般可采用万用表进行校线，以确认电路连接正确无误。

5）安装电动机、整流二极管、电阻器。

6）连接电动机和按钮金属外壳的保护接地线。

7）连接电源、电动机等控制板外部的导线。

8）自检。

9）交验。

10）检查无误后通电试车。

为保证人身安全，在通电试车时，要认真执行安全操作规程的有关规定，一人监

图 5-23　能耗制动控制电路的安装接线图

护、一人操作。试车前应检查与通电试车有关的电气设备是否有不安全的因素存在，若查出应立即整改，然后方能试车。

4. 实验注意事项

1）时间继电器的整定时间不要调得太长，以免制动时间过长引起定子绕组发热。

2）KM2 常开触点上方应串接 KT 瞬动常开触点。防止 KT 出故障时其通电延时常闭触点无法断开，致使 KM2 不能失电而导致电动机定子绕组长期通入直流电。

3）进行制动时，停止按钮 SB2 要按到底。

4）实验中一定要注意安全操作。

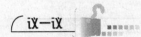 议一议

三相异步电动机单相半波整流能耗制动控制电路的优点和缺点各是什么？

 练一练

三相异步电动机单相半波整流能耗制动控制电路的接线方法。

 评一评

评 分 标 准

项目内容	配分	评 分 标 准	扣分
装前检查	15	①电动机质量检查，每漏一处扣 3 分 ②电器元件漏检或错检，每处扣 2 分	
安装元件	15	①不按布置图安装，扣 10 分 ②元件安装不牢固，每只扣 2 分 ③安装元件时漏装螺钉，每只扣 0.5 分 ④元件安装不整齐、不匀称、不合理，每只扣 3 分 ⑤损坏元件，扣 10 分	
布线	30	①不按电路图接线，扣 15 分 ②布线不符合要求： 　主电路，每根扣 2 分 　控制电路，每根扣 1 分 ③接点松动、接点露铜过长、压绝缘层、反圈等，每处扣 0.5 分 ④损伤导线绝缘或线芯，每根扣 0.5 分 ⑤漏接接地线，扣 10 分 ⑥标记线号不清楚、遗漏或误标，每处扣 0.5 分	
通电试车	40	①第一次试车不成功，扣 10 分 ②第二次试车不成功，扣 20 分 ③第三次试车不成功，扣 30 分	
安全文明生产		违反安全、文明生产规程，扣 5~40 分	
定额时间 180min		按每超时 5min 扣 5 分计算	
备注		除定额时间外，各项目的最高扣分不应超过配分数	成绩
开始时间		结束时间	实际时间

任务七　调速控制电路

任务目标

- 掌握常用双速异步电动机绕组的连接方式。
- 掌握双速异步电动机控制电路的组成和工作原理。

任务教学方式

教学步骤	时间安排	教学方式
阅读教材	课余	自学、查资料、相互讨论
知识讲解	4课时	重点讲授三相异步电动机调速控制电路及其工作原理
操作技能	4课时	三相异步电动机调速控制电路的安装,采取学生训练和教师指导相结合

读一读

　　由电动机的原理可知,由感应式异步电动机的转速表达式为 $n = (1-S)\dfrac{60f}{p}$ 可知,改变异步电动机转速可通过三种方法来实现:一是改变极对数 p (变极调速);二是改变电源频率 f (变频调速);三是改变转差率 S (变差率调速)。下面主要介绍通过改变极对数 p 来实现电动机调速的基本控制电路。

知识　双速异步电动机的控制电路

1. 双速异步电动机控制电路

双速异步电动机控制电路如图 5-24 所示。

2. 双速异步电动机控制电路的工作原理

先合上电源开关 QS。
三角形低速启动运转:

SA置于低速位置 ⟶ KM1线圈得电 ⟶ ┌ KM1主触点闭合 ⟶ 电动机M接成三角形低速启动运转
　　　　　　　　　　　　　　　　　└ KM1联锁触点分断

YY 形高速启动运转:

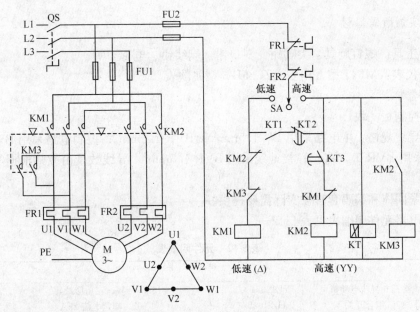

图 5-24 双速异步电动机控制电路

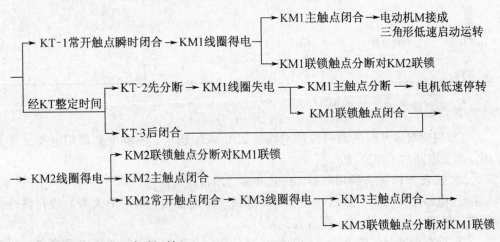

SA置于高速位置 —→ KT线圈得电 —→

├→ KT-1常开触点瞬时闭合 —→ KM1线圈得电 ┬→ KM1主触点闭合 —→ 电动机M接成
│   │   三角形低速启动运转
│   └→ KM1联锁触点分断对KM2联锁
│
├→ 经KT整定时间 ┬→ KT-2先分断 —→ KM1线圈失电 ┬→ KM1主触点分断 —→ 电机低速停转
│   │   └→ KM1联锁触点闭合 ┐
│   └→ KT-3后闭合 ──────────────────────────────────┘
│
└→ KM2线圈得电 ┬→ KM2联锁触点分断对KM1联锁
               ├→ KM2主触点闭合 ─────────────────────────────┐
               └→ KM2常开触点闭合 —→ KM3线圈得电 ┬→ KM3主触点闭合 ─→
                                                   └→ KM3联锁触点分断对KM1联锁

—→ 电动机M接成YY形高速运转

 做一做

实训 双速异步电动机控制电路的安装

1. 实训目的

1）学会双速异步电动机控制电路的接线和操作方法。
2）理解 YY 形电动机连接的概念。
3）理解双速异步电动机控制电路的基本原理。

2. 实训所需器材

1）工具：螺钉旋具、尖嘴钳、斜口钳、剥线钳、电工刀等。

2）仪表：MF47 型万用表、ZC25B-3 型兆欧表。

3）器材：

① 控制板一块。

② 导线规格：主电路采用 BV 1.5mm² 和 BVR 1.5mm²；控制电路采用 BV 1mm²；按钮线采用 BVR 0.75mm²；接地线采用 BVR 1.5mm²。导线数量由教师根据实际情况确定。

③ 紧固体和编码套管按实际需要提供。

④ 电器元件明细表见表 5-12。

表 5-12　元件明细表

代号	名称	型号	规格	数量
M	三相异步电动机	YD123M-4/2	6.5/8kW、三角形/2Y	1
QS	组合开关	HZ10-25/3	三极、额定电流 25A	1
FU1	螺旋式熔断器	RL1-60/40	500V、60A、配熔体额定电流 40A	3
FU2	螺旋式熔断器	RL1-15/4	500V、15A、配熔体额定电流 4A	2
KM	交流接触器	CJ10-20	20A、线圈电压 380V	1
SB	按钮	LA10-3H	保护式、按钮数 3	1
KT	时间继电器	JS7-2A	线圈电压 380V	1
FR	热继电器	JR16-20/3	20A	1
R	电阻器	ZX2-2/0.7	7Ω	3
XT	端子板	JX2-1015	10A、15 节、380V	1

3. 实训步骤及工艺要求

1）识读双速异步电动机控制电路，如图 5-24 所示，明确电路所用电器元件及作用，熟悉电路的工作原理。

2）按表 5-12 配齐所用电器元件，并进行质量检验。

① 电器元件的技术数据（如型号、规格、额定电压、额定电流等）应完整并符合要求，外观无损伤，备件、附件齐全完好。

② 检查电器元件的电磁机构动作是否灵活，有无衔铁卡阻等不正常现象。用万用表检查电磁线圈的通断情况及各触点的分合情况。

③ 检查接触器线圈额定电压与电源电压是否一致。

3）在控制板上安装走线槽和所有电器元件，并贴上醒目的文字符号。安装走线槽时，应做到横平竖直、排列整齐匀称、安装牢固和便于走线等。板前线槽配线的具体工艺要求如下。

① 布线时，严禁损伤线芯和导线绝缘。

② 各电器元件接线端子引出导线的走向，以元件的水平中心线为界限，必须进入元件的走线槽。任何导线都不允许从水平方向进入走线槽内。

③ 各电器元件接线端子上引出或引入的导线，除间距很小和元件机械强度很差时

允许直接架空敷设外，其他导线必须经过走线槽进行连接。

④ 进入走线槽内的导线要完全置于走线槽内，并应尽可能避免交叉，装线不要超过其容量的 70%，以便于能盖上线槽盖和以后的装配及维修。

⑤ 各电器元件与走线槽之间的外露导线，应走线合理，并尽可能做到横平竖直，变换走向要垂直。同一个元件上位置一致的端子和同型号电器元件中位置一致的端子上引出或引入导线，要敷设在同一平面上，并应做到高低一致或前后一致，不得交叉。

⑥ 所有接线端子、导线线点上都应套有与电路图上相应接点线号一致的编码套管，并按线号进行连接，连接必须牢靠，不得松动。

⑦ 在任何情况下，接线端子必须与导线截面积和材料性质相适应。当接线端子不适合连接软线或较小截面积的软线时，可以在导线端点穿上针形或叉形轧点并压紧。

4）按图 5-25 检验控制板布线的正确性。

实验电路连接好后，学生应先自行进行认真仔细的检查，特别是二次接线，一般可采用万用表进行校线，以确认电路连接正确无误。

5）安装电动机、电阻器。

6）连接电动机和按钮金属外壳的保护接地线。

7）连接电源、电动机等控制板外部的导线。

8）自检。

9）检查无误后通电试车。

为保证人身安全，在通电试车时，要认真执行安全操作规程的有关规定，一人监护、一人操作。试车前应检查与通电试车有关的电气设备是否有不安全的因素存在，若查出应立即整改，然后方能试车。

图 5-25　双速异步电动机控制电路的电装接线图

4. 实验注意事项

1）接线时，注意主电路中接触器 KM1、KM2 在两种转速下电源相序的改变，不能接错；否则，两种转速下电动机的转向相反，换向时将产生很大的冲击电流。

2）控制双速电动机三角形接法的接触器 KM1 和 YY 形接法的 KM2 的主触点不能对换接线，否则不但无法实现双速控制要求，而且会在 YY 形接法运转时造成电源短路事故。

3）热继电器 FR1、FR2 的整定电流及其在主电路中的接线不要搞错。

4）实验中一定要安全文明操作。

1. 双速异步电动机的调速控制电路存在反转问题吗？

2. 双速异步电动机从三角形低速转接到高速双 YY 形后，会不会出现反转？为什么？

双速异步电动机控制电路的接线方法。

请对自己完成任务的情况进行评估，并填写下表。

评 分 标 准

项目内容	配分	评分标准	扣分
装前检查	15	①电动机质量检查，每漏一处扣3分 ②电器元件漏检或错检，每处扣2分	
安装元件	15	①不按布置图安装，扣10分 ②元件安装不牢固，每只扣2分 ③安装元件时漏装螺钉，每只扣0.5分 ④元件安装不整齐、不匀称、不合理，每只扣3分 ⑤损坏元件，扣10分	
布线	30	①不按电路图接线，扣15分 ②布线不符合要求： 　主电路，每根扣2分 　控制电路，每根扣1分 ③接点松动、接点露铜过长、压绝缘层、反圈等，每处扣0.5分 ④损伤导线绝缘或线芯，每根扣0.5分 ⑤漏接接地线，扣10分 ⑥标记线号不清楚、遗漏或误标，每处扣0.5分	
通电试车	40	①第一次试车不成功，扣10分 ②第二次试车不成功，扣20分 ③第三次试车不成功，扣30分	
安全文明生产		违反安全、文明生产规程，扣5～40分	
定额时间180min		按每超时5min扣5分计算	
备注		除定额时间外，各项目的最高扣分不应超过配分数	成绩
开始时间		结束时间　　　　　实际时间	

拓　展

采用启发式的教学方法，培养学生的创造性思维能力；精讲多练，培养学生的技能与技巧。

思考与练习

一、填空题：

1. 画电路图时，控制电路、信号电路和照明电路要跨接在＿＿＿＿＿＿电源线之间，依次＿＿＿＿＿＿画在主电路图的＿＿＿＿＿＿侧，且电路中的耗能元件（如接触器和继电器的线圈、信号灯、照明灯等）要画在电路图的＿＿＿＿＿＿方，而电器的触点要画在耗能元件的＿＿＿＿＿＿方。

2. 原理图中，同一电器的各元件不按它们的＿＿＿＿＿＿画在一起，而是按其在电路中所起的＿＿＿＿＿＿分画在不同电路中，但它们的动作却是相互＿＿＿＿＿＿的，必须标注＿＿＿＿＿＿的文字符号。

3. 当改变通入电动机定子绕组的三相＿＿＿＿＿＿，即把接入电动机三相电源起进线中的任意＿＿＿＿＿＿根对调接线时，电动机就可以反转。

4. 一般规定，电源容量在＿＿＿＿＿＿KVA 以上，电动机容量在＿＿＿＿＿＿KW 以下者，可直接起动。

5. 三相鼠笼式异步电动机常见的降压启动的方法有四种：＿＿＿＿＿＿；＿＿＿＿＿＿；＿＿＿＿＿＿；＿＿＿＿＿＿。

6. 电气制动常用的方法有四种：＿＿＿＿＿＿；＿＿＿＿＿＿；＿＿＿＿＿＿；＿＿＿＿＿＿。

7. 改变异步电动机转速可通过三种方法来实现：一是＿＿＿＿＿＿；二是＿＿＿＿＿＿；三是＿＿＿＿＿＿。

二、试为某生产机械设计电动机的电气控制线路。要求如下：（1）既能点动控制又能连续控制；（2）有短路、过载、失压和欠压保护作用。

三、试画出点动的双重联锁正/反转控制线路的电路图。

四、设计一个小车运行的控制线路。其要求如下：

（1）小车由原位开始前进，到终端后自动停止；

（2）在终端停留 2min 后自动返回原位停止；

（3）要求能在前进或后退途中的任意位置都能停止或启动。

项目六

三相异步电动机控制电路技能考核

维修电工在我国是一个比较大的工种，每个企事业单位都离不开维修电工。劳动和社会保障部把维修电工列入首批实行劳动就业准入制度的工种之一，同时规定在全国范围内，从初级维修电工到高级技师都必须通过职业技能鉴定考核，领取国家职业资格证书，持证上岗就业。

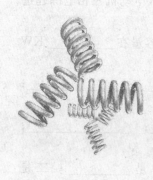

知识目标

- 了解维修电工职业的特点。
- 熟悉三相异步电动机控制电路的工作原理。

技能目标

- 正确地安装和调试各种三相异步电动机的控制电路。
- 熟悉电气技术规程和安全工作规程。

任务一　安装和调试带直流能耗制动 Y-△ 启动的控制电路

任务目标

- 能正确分析直流能耗制动 Y-△ 启动控制电路的工作原理。
- 能安装、调试直流能耗制动 Y-△ 启动控制电路。

任务教学方式

教学步骤	时间安排	教学方式
阅读教材	课余	自学、查资料、相互讨论
知识讲解	2 课时	重点分析带直流能耗制动 Y-△ 启动的控制电路的工作原理
操作技能	8 课时	安装和调试控制电路,采取学生训练和教师指导相结合

读一读

根据《国家职业标准维修电工》要求,对学生的动手能力进行规范训练,使学生真正获得电工技术工艺和操作的基本知识及基本技能。

知识1　通电延时带直流能耗制动 Y-△ 启动的控制电路

通电延时带直流能耗制动的 Y-△ 启动的控制电路,如图 6-1 所示。

做一做

实训1　安装和调试通电延时带直流能耗制动 Y-△ 启动的控制电路

1. 实训目的

1) 学会通电延时带直流能耗制动的 Y-△ 启动控制的接线和操作方法。
2) 理解 Y-△ 电动机连接的概念。
3) 理解通电延时带直流能耗制动的 Y-△ 启动控制电路的基本原理。

2. 实训所需器材

1) 工具:螺钉旋具、尖嘴钳、斜口钳、剥线钳、电工刀等。
2) 仪表:MF47 型万用表、ZC25B-3 型兆欧表。
3) 器材:
①控制板一块。

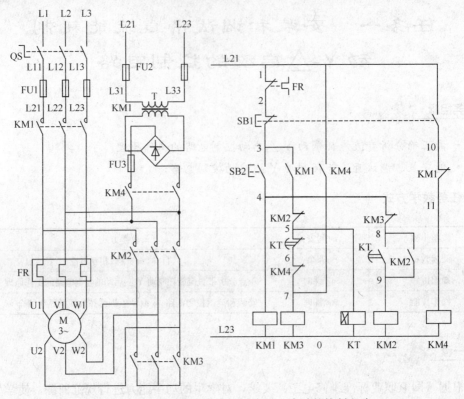

图 6-1　通电延时带直流能耗制动 Y-△启动的控制电路

②导线规格：主电路采用 BV 1.5mm² 和 BVR 1.5mm²；控制电路采用 BV 1mm²；按钮线采用 BVR 0.75mm²；接地线采用 BVR 1.5mm²。导线数量由教师根据实际情况确定。

③紧固体和编码套管按实际需要提供。

④电器元件明细表见表 6-1。

表 6-1　元件明细表

代　号	名　　称	型　号	规　格	数　量
M	三相异步电动机	Y112M-4	4kW、380V、三角形接法或自定	1
QS	组合开关	HZ10-25/3	三极、额定电流 25A	1
FU1	螺旋式熔断器	RL1-60/20	500V、60A、配熔体额定电流 20A	3
FU2	螺旋式熔断器	RL1-15/2	500V、15A、配熔体额定电流 2A	2
KM	交流接触器	CJ10-20	20A、线圈电压 380V	4
SB	按钮	LA10-3H	保护式、按钮数 3	1
KT	时间继电器	JS7-2A	线圈电压 380V	1
FR	热继电器	JR16-20/3	20A	1
VD	整流二极管	2CZ30	15A、600V	4
T	控制变压器	BK-500	380/36V、500W	1
XT	端子板	JX2-1015	10A、15 节、380V	1

3. 实训步骤及工艺要求

1) 识读通电延时带直流能耗制动 Y-△启动控制电路，如图 6-1 所示，明确电路所用电器元件及作用，熟悉电路的工作原理。

2）按表6-1配齐所用电器元件，并进行质量检验。

①电器元件的技术数据（如型号、规格、额定电压、额定电流等）应完整并符合要求，外观无损伤，备件、附件齐全完好。

②检查电器元件的电磁机构动作是否灵活，有无衔铁卡阻等不正常现象。用万用表检查电磁线圈的通断情况及各触点的分合情况。

③检查接触器线圈额定电压与电源电压是否一致。

3）在控制板上安装走线槽和所有电器元件，并贴上醒目的文字符号。安装走线槽时，应做到横平竖直、排列整齐匀称、安装牢固和便于走线等。板前线槽配线的具体工艺要求如下。

①布线时，严禁损伤线芯和导线绝缘。

②各电器元件接线端子引出导线的走向，以元件的水平中心线为界限，必须进入元件的走线槽。任何导线都不允许从水平方向进入走线槽内。

③各电器元件接线端子上引出或引入的导线，除间距很小和元件机械强度很差允许直接架空敷设外，其他导线必须经过走线槽进行连接。

④进入走线槽内的导线要完全置于走线槽内，并应尽可能避免交叉，装线不要超过其容量的70％，以便于能盖上线槽盖和以后的装配及维修。

⑤各电器元件与走线槽之间的外露导线，应走线合理，并尽可能做到横平竖直，变换走向要垂直。同一个元件上位置一致的端子和同型号电器元件中位置一致的端子上引出或引入导线，要敷设在同一平面上，并应做到高低一致或前后一致，不得交叉。

⑥所有接线端子、导线线点上都应套有与电路图上相应接点线号一致的编码套管，并按线号进行连接，连接必须牢靠，不得松动。

⑦在任何情况下，接线端子必须与导线截面积和材料性质相适应。当接线端子不适合连接软线或较小截面积的软线时，可以在导线端点穿上针形或叉形轧点并压紧。

4）按图6-1检验控制板内部布线的正确性，图6-2为其安装接线图。

实验电路连接好后，学生应先自行进行认真仔细的检查，特别是二次接线，一般可采用万用表进行校线，以确认电路连接正确无误。

5）安装电动机、变压器、二极管。

6）连接电动机和按钮金属外壳的保护接地线。

7）连接电源、电动机等控制板外部的导线。

8）自检。

9）交验。

10）检查无误后通电试车。

图6-2　通电延时带直流能耗制动 Y-△
启动控制电路的安装接线图

为保证人身安全，在通电试车时，要认真执行安全操作规程的有关规定，一人监护、一人操作。试车前应检查与通电试车有关的电气设备是否有不安全的因素存在，若查出应立即整改，然后方能试车。

4. 实验注意事项

1）电动机、时间继电器、接线端子板的不带电金属外壳或底板应可靠接地。

2）电源进线应接在螺旋式熔断器底座的中心端上，出线应接在螺纹外壳上。

3）接线时要注意电动机的三角形接法不能接错，应将电动机定子绕组的 U1、V1、W1 通过 KM2 接触器分别与 W2、U2、V2 连接，否则，会使电动机在三角形接法时造成三相绕组各接同一相电源或其中一相绕组接入同一相电源而无法工作等故障。

4）时间继电器和热继电器的整定值，应在不通电时预先整定好，并在试车时校正。

5）实验中一定要安全文明操作。

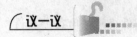

通电延时带直流能耗制动 Y-△启动控制电路的优点和缺点各是什么？

通电延时带直流能耗制动 Y-△启动控制电路的接线方法及调试。

请对自己完成任务的情况进行评估，并填写下表。

评 分 标 准

项目内容	配分	评分标准	扣分
装前检查	15	① 电动机质量检查，每漏一处扣 3 分 ② 电器元件漏检或错检，每处扣 2 分	
安装元件	15	① 不按布置图安装，扣 10 分 ② 元件安装不牢固，每只扣 2 分 ③ 安装元件时漏装螺钉，每只 扣 0.5 分 ④ 元件安装不整齐、不匀称、不合理，每只 扣 3 分 ⑤ 损坏元件，扣 10 分	
布线	30	① 不按电路图接线，扣 15 分 ② 布线不符合要求： 　主电路，每根扣 2 分 　控制电路，每根扣 1 分 ③ 接点松动、接点露铜过长、压绝缘层、反圈等，每处扣 0.5 分 ④ 损伤导线绝缘或线芯，每根扣 0.5 分 ⑤ 漏接接地线，扣 10 分 ⑥ 标记线号不清楚、遗漏或误标，每处扣 0.5 分	

续表

项目内容	配分	评分标准	扣分
通电试车	40	① 第一次试车不成功,扣 10 分 ② 第二次试车不成功,扣 20 分 ③ 第三次试车不成功,扣 30 分	
安全文明生产		违反安全、文明生产规程,扣 5～40 分	
定额时间 180min		按每超时 5min 扣 5 分计算	
备注		除定额时间外,各项目的最高扣分不应超过配分数	成绩
开始时间		结束时间　　　　　　　实际时间	

知识 2 断电延时带直流能耗制动 Y-△启动的控制电路

断电延时带直流能耗制动 Y-△启动的控制电路,如图 6-3 所示。

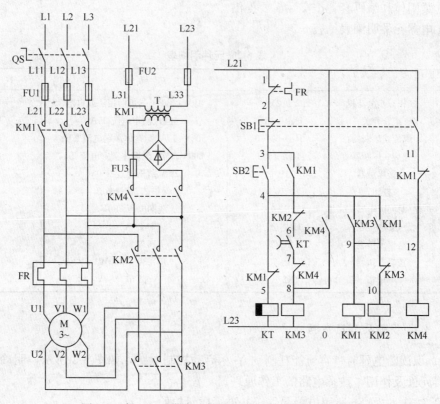

图 6-3 断电延时带直流能耗制动 Y-△启动的控制电路

实训 2 安装和调试断电延时带直流能耗制动 Y-△启动的控制电路

1. 实训目的

1)学会断电延时带直流能耗制动 Y-△启动控制的接线和操作方法。

2）理解 Y-△电动机连接的概念。

3）理解断电延时带直流能耗制动 Y-△启动控制电路的基本原理。

2. 实训所需器材

1）工具：螺钉旋具、尖嘴钳、斜口钳、剥线钳、电工刀等。

2）仪表：MF47 型万用表、ZC25B-3 型兆欧表。

3）器材：

①控制板一块。

②导线规格：主电路采用 BV 1.5mm² 和 BVR 1.5mm²；控制电路采用 BV 1mm²；按钮线采用 BVR 0.75mm²；接地线采用 BVR 1.5mm²。导线数量由教师根据实际情况确定。

③紧固体和编码套管按实际需要提供。

④电器元件明细表见表 6-2。

表 6-2   元件明细表

代 号	名 称	型 号	规 格	数 量
M	三相异步电动机	Y112M-4	4kW、380V、三角形接法或自定	1
QS	组合开关	HZ10-25/3	三极、额定电流 25A	1
FU1	螺旋式熔断器	RL1-60/20	500V、60A、配熔体额定电流 20A	3
FU2	螺旋式熔断器	RL1-15/2	500V、15A、配熔体额定电流 2A	2
KM	交流接触器	CJ10-20	20A、线圈电压 380V	4
SB	按钮	LA10-3H	保护式、按钮数 3	1
KT	时间继电器	JS7-4A	线圈电压 380V	1
FR	热继电器	JR16-20/3	20A	1
VD	整流二极管	2CZ30	15A、600V	4
T	控制变压器	BK-500	380/36V、500W	1
XT	端子板	JX2-1015	10A、15 节、380V	1

3. 实训步骤及工艺要求

1）识读断电延时带直流能耗制动 Y-△启动控制电路，如图 6-3 所示，明确电路所用电器元件及作用，熟悉电路的工作原理。

2）按表 6-2 配齐所用电器元件，并进行质量检验。

①电器元件的技术数据（如型号、规格、额定电压、额定电流等）应完整并符合要求，外观无损伤，备件、附件齐全完好。

②检查电器元件的电磁机构动作是否灵活，有无衔铁卡阻等不正常现象。用万用表检查电磁线圈的通断情况及各触点的分合情况。

③接触器线圈额定电压与电源电压是否一致。

3）在控制板上安装走线槽和所有电器元件，并贴上醒目的文字符号。安装走线槽时，应做到横平竖直、排列整齐匀称、安装牢固和便于走线等。板前线槽配线的具体工艺要求如下。

①布线时，严禁损伤线芯和导线绝缘。

②各电器元件接线端子引出导线的走向，以元件的水平中心线为界限，必须进入元件的走线槽。任何导线都不允许从水平方向进入走线槽内。

③各电器元件接线端子上引出或引入的导线，除间距很小和元件机械强度很差允许直接架空敷设外，其他导线必须经过走线槽进行连接。

④进入走线槽内的导线要完全置于走线槽内，并应尽可能避免交叉，装线不要超过其容量的70％，以便于能盖上线槽盖和以后的装配及维修。

⑤各电器元件与走线槽之间的外露导线，应走线合理，并尽可能做到横平竖直，变换走向要垂直。同一个元件上位置一致的端子和同型号电器元件中位置一致的端子上引出或引入导线，要敷设在同一平面上，并应做到高低一致或前后一致，不得交叉。

⑥所有接线端子、导线线点上都应套有与电路图上相应接点线号一致的编码套管，并按线号进行连接，连接必须牢靠，不得松动。

⑦在任何情况下，接线端子必须与导线截面积和材料性质相适应。当接线端子不适合连接软线或较小截面积的软线时，可以在导线端点穿上针形或叉形轧点并压紧。

4）按图6-3检验控制板内部布线的正确性，图6-4为其外部安装接线图。

实验电路连接好后，学生应先自行进行认真仔细的检查，特别是二次接线，一般可采用万用表进行校线，以确认电路连接正确无误。

5）安装电动机、变压器、整流二极管。

6）连接电动机和按钮金属外壳的保护接地线。

7）连接电源、电动机等控制板外部的导线。

8）自检。

9）交验。

10）检查无误后通电试车。

为保证人身安全，在通电试车时，要认真

图6-4　断电延时带直流能耗制动 Y-△
启动控制电路安装接线图

执行安全操作规程的有关规定，一人监护、一人操作。试车前应检查与通电试车有关的电气设备是否有不安全的因素存在，若查出应立即整改，然后方能试车。

4. 实验注意事项

1）电动机、时间继电器、接线端子板的不带电金属外壳或底板应可靠接地。

2）电源进线应接在螺旋式熔断器底座的中心端上，出线应接在螺纹外壳上。

3）接线时要注意电动机的三角形接法不能接错，应将电动机定子绕组的 U1、V1、

W1 通过 KM2 接触器分别与 W2、U2、V2 连接，否则，会使电动机在三角形接法时造成三相绕组各接同一相电源或其中一相绕组接入同一相电源而无法工作等故障。

4）时间继电器和热继电器的整定值，应在不通电时预先整定好，并在试车时校正。

5）实验中一定要安全文明操作。

断电延时带直流能耗制动 Y-△启动控制电路的优点和缺点各是什么？

断电延时带直流能耗制动 Y-△启动控制电路的接线方法及调试。

请对自己完成任务的情况进行评估，并填写下表。

评 分 标 准

项目内容	配分	评 分 标 准	扣分
装前检查	15	① 电动机质量检查，每漏一处扣 3 分 ② 电器元件漏检或错检，每处扣 2 分	
安装元件	15	① 不按布置图安装，扣 10 分 ② 元件安装不牢固，每只扣 2 分 ③ 安装元件时漏装螺钉，每只扣 0.5 分 ④ 元件安装不整齐、不匀称、不合理，每只扣 3 分 ⑤ 损坏元件，扣 10 分	
布线	30	① 不按电路图接线，扣 15 分 ② 布线不符合要求： 　主电路，每根扣 2 分 　控制电路，每根扣 1 分 ③ 接点松动、接点露铜过长、压绝缘层、反圈等，每处扣 0.5 分 ④ 损伤导线绝缘或线芯，每根扣 0.5 分 ⑤ 漏接地线，扣 10 分 ⑥ 标记线号不清楚、遗漏或误标，每处扣 0.5 分	
通电试车	40	① 第一次试车不成功，扣 10 分 ② 第二次试车不成功，扣 20 分 ③ 第三次试车不成功，扣 30 分	
安全文明生产		违反安全、文明生产规程，扣 5～40 分	
定额时间 180min		按每超时 5min 扣 5 分计算	
备注		除定额时间外，各项目的最高扣分不应超过配分数	成绩
开始时间		结束时间　　　　　　实际时间	

任务二　安装和调试双速交流异步电动机自动变速控制电路

 任务目标

- 能正确分析双速异步电动机控制电路的工作原理。
- 能安装、调试双速异步电动机控制电路。

任务教学方式

教学步骤	时间安排	教学方式
阅读教材	课余	自学、查资料、相互讨论
知识讲解	2课时	重点分析双速交流异步电动机自动变速控制电路的工作原理
操作技能	8课时	安装和调试双速控制电路,采取学生训练和教师指导相结合

 **读一读**

知识 1　双速交流异步电动机自动变速控制电路 (1)

双速交流异步电动机自动变速控制电路 (1),如图 6-5 所示。

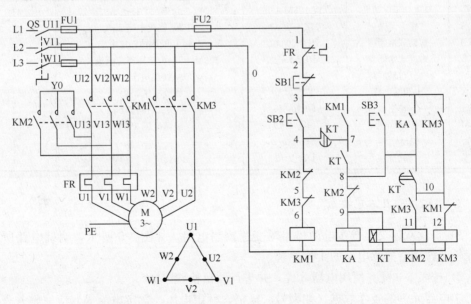

图 6-5　双速交流异步电动机自动变速的控制电路 (1)

 做一做

实训1　安装和调试双速交流异步电动机自动变速控制电路（1）

1. 实训目的

1）学会双速交流异步电动机自动变速控制电路的接线和操作方法。

2）理解双速交流异步电动机自动变速控制电路的基本原理。

2. 实训所需器材

1）工具：螺钉旋具、尖嘴钳、斜口钳、剥线钳、电工刀等。

2）仪表：MF47 型万用表、ZC25B-3 型兆欧表。

3）器材：

①控制板一块。

②导线规格：主电路采用 BV 1.5mm² 和 BVR 1.5mm²；控制电路采用 BV 1mm²；按钮线采用 BVR 0.75mm²；接地线采用 BVR 1.5mm²。导线数量由教师根据实际情况确定。

③紧固体和编码套管按实际需要提供。

④电器元件明细表见表 6-3。

表 6-3　元件明细表

代　号	名　　称	型　号	规　格	数　量
M	双速异步电动机	YD123M-4/2	6.5/8kW、三角形/2Y 接法、13.8/17.1A	1
QS	组合开关	HZ10-25/3	三极、额定电流 25A	1
FU1	螺旋式熔断器	RL1-60/40	500V、60A、配熔体额定电流 40A	3
FU2	螺旋式熔断器	RL1-15/4	500V、15A、配熔体额定电流 4A	2
KM	交流接触器	CJ10-20	20A、线圈电压 380V	3
KA	中间继电器	JZ7-44A	线圈电压 380V	1
SB	按钮	LA10-3H	保护式、按钮数 3	1
KM	时间继电器	JS7-2A	线圈电压 380V	1
FA	热继电器	JR16-20/3	20A	1
XT	端子板	JX2-1015	10A、15 节、380V	1

3. 实训步骤及工艺要求

1）识读双速交流异步电动机自动变速控制电路，如图 6-5 所示，明确电路所用电器元件及作用，熟悉电路的工作原理。

2）按表 6-3 配齐所用电器元件，并进行质量检验。

①电器元件的技术数据（如型号、规格、额定电压、额定电流等）应完整并符合要求，外观无损伤，备件、附件齐全完好。

②检查电器元件的电磁机构动作是否灵活，有无衔铁卡阻等不正常现象。用万用表检查电磁线圈的通断情况以及各触点的分合情况。

③检查接触器线圈额定电压与电源电压是否一致。

3）在控制板上安装走线槽和所有电器元件，并贴上醒目的文字符号。安装走线槽时，应做到横平竖直、排列整齐匀称、安装牢固和便于走线等。板前线槽配线的具体工艺要求如下。

①布线时，严禁损伤线芯和导线绝缘。

②各电器元件接线端子引出导线的走向，以元件的水平中心线为界限，必须进入元件的走线槽。任何导线都不允许从水平方向进入走线槽内。

③各电器元件接线端子上引出或引入的导线，除间距很小和元件机械强度很差允许直接架空敷设外，其他导线必须经过走线槽进行连接。

④进入走线槽内的导线要完全置于走线槽内，并应尽可能避免交叉，装线不要超过其容量的70％，以便于能盖上线槽盖和以后的装配及维修。

⑤各电器元件与走线槽之间的外露导线，应走线合理，并尽可能做到横平竖直，变换走向要垂直。同一个元件上位置一致的端子和同型号电器元件中位置一致的端子上引出或引入导线，要敷设在同一平面上，并应做到高低一致或前后一致，不得交叉。

⑥所有接线端子、导线线点上都应套有与电路图上相应接点线号一致的编码套管，并按线号进行连接，连接必须牢靠，不得松动。

⑦在任何情况下，接线端子必须与导线截面积和材料性质相适应。当接线端子不适合连接软线或较小截面积的软线时，可以在导线端点穿上针形或叉形轧点并压紧。

4）按图6-5检验控制板内部布线的正确性，图6-6为其外部安装接线图。

实验电路连接好后，学生应先自行进行认真仔细的检查，特别是二次接线，一般可采用万用表进行校线，以确认电路连接正确无误。

图6-6 双速异步电动机控制电路的安装接线图

5）安装电动机。

6）连接电动机和按钮金属外壳的保护接地线。

7）连接电源、电动机等控制板外部的导线。

8）自检。

9）交验。

10）检查无误后通电试车。

为保证人身安全，在通电试车时，要认真执行安全操作规程的有关规定，一人监护、一人操作。试车前应检查与通电试车有关的电气设备是否有不安全的因素存在，若查出应立即整改，然后方能试车。

4. 实验注意事项

1）接线时，要注意主电路中接触器 KM1、KM2 在两种转速下电源相序的改变，不能接错；否则，两种转速下电动机的转向相反，换向时将产生很大的冲击电流。

2）控制双速电动机三角形接法的接触器 KM1 和 YY 形接法的 KM2 的主触点不能对换接线，否则不但无法实现双速控制要求，而且会在 YY 形运转时造成电源短路事故。

3）热继电器 FR1、FR2 的整定电流及其在主电路中的接线不要搞错。

4）时间继电器和热继电器的整定值，应在不通电时预先整定好，并在试车时校正。

5）实验中一定要安全文明操作。

双速交流异步电动机自动变速控制电路的优点和缺点各是什么？

双速交流异步电动机自动变速控制电路的接线方法及调试。

请对自己完成任务的情况进行评估，并填写下表。

评 分 标 准

项目内容	配分	评分标准	扣分
装前检查	15	① 电动机质量检查，每漏一处扣 3 分 ② 电器元件漏检或错检，每处扣 2 分	
安装元件	15	① 不按布置图安装，扣 10 分 ② 元件安装不牢固，每只扣 2 分 ③ 安装元件时漏装螺钉，每只扣 0.5 分 ④ 元件安装不整齐、不匀称、不合理，每只扣 3 分 ⑤ 损坏元件 扣 10 分	
布线	30	① 不按电路图接线，扣 15 分 ② 布线不符合要求： 　主电路，每根扣 2 分 　控制电路，每根扣 1 分 ③ 接点松动、接点露铜过长、压绝缘层、反圈等，每处扣 0.5 分 ④ 损伤导线绝缘或线芯，每根扣 0.5 分 ⑤ 漏接地线，扣 10 分 ⑥ 标记线号不清楚、遗漏或误标，每处扣 0.5 分	
通电试车	40	① 第一次试车不成功，扣 10 分 ② 第二次试车不成功，扣 20 分 ③ 第三次试车不成功，扣 30 分	

续表

项目内容	配分	评分标准	扣分
安全文明生产		违反安全、文明生产规程,扣5~40分	
定额时间 180min		按每超时 5min 扣 5 分计算	
备注		除定额时间外,各项目的最高扣分不应超过配分数	成绩
开始时间		结束时间	实际时间

知识2 双速交流异步电动机自动变速控制电路（2）

双速交流异步电动机自动变速控制电路（2），如图 6-7 所示。

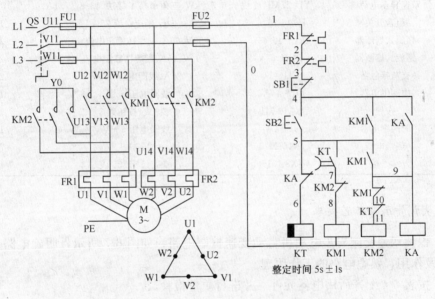

图 6-7 双速交流异步电动机自动变速的控制电路（2）

实训2 安装和调试双速交流异步电动机自动变速控制电路（2）

1. 实训目的

1）学会双速交流异步电动机自动变速控制电路的接线和操作方法。
2）理解双速交流异步电动机自动变速控制电路的基本原理。

2. 实训所需器材

1）工具：螺钉旋具、尖嘴钳、斜口钳、剥线钳、电工刀等。
2）仪表：MF47 型万用表、ZC25B-3 型兆欧表。

3）器材：

①控制板一块。

②导线规格：主电路采用 BV 1.5mm² 和 BVR 1.5mm²；控制电路采用 BV 1mm²；按钮线采用 BVR 0.75mm²；接地线采用 BVR 1.5mm²。导线数量由教师根据实际情况确定。

③紧固体和编码套管按实际需要提供。

④电器元件明细表见表 6-4。

表6-4　元件明细表

代　号	名　称	型　号	规　格	数　量
M	双速异步电动机	YD123M-4/2	6.5/8kW、三角形/YY 接法、13.8/17.1A	1
QS	组合开关	HZ10-25/3	三极、额定电流 25A	1
FU1	螺旋式熔断器	RL1-60/40	500V、60A、配熔体额定电流 40A	3
FU2	螺旋式熔断器	RL1-15/4	500V、15A、配熔体额定电流 4A	2
KM	交流接触器	CJ10-20	20A、线圈电压 380V	2
KA	中间继电器	JZ7-44A	线圈电压 380V	1
SB	按钮	LA10-3H	保护式、按钮数 3	1
KT	时间继电器	JS7-4A	线圈电压 380V	1
FR	热继电器	JR16-20/3	20A	2
XT	端子板	JX2-1015	10A、15 节、380V	1

3. 实训步骤及工艺要求

1）识读双速交流异步电动机自动变速控制电路，如图 6-7 所示，明确电路所用电器元件及作用，熟悉电路的工作原理。

2）按表 6-4 配齐所用电器元件，并进行质量检验。

①电器元件的技术数据（如型号、规格、额定电压、额定电流等）应完整并符合要求，外观无损伤，备件、附件齐全完好。

②检查电器元件的电磁机构动作是否灵活，有无衔铁卡阻等不正常现象。用万用表检查电磁线圈的通断情况及各触点的分合情况。

③接触器线圈额定电压与电源电压是否一致。

3）在控制板上安装走线槽和所有电器元件，并贴上醒目的文字符号。安装走线槽时，应做到横平竖直、排列整齐匀称、安装牢固和便于走线等。板前线槽配线的具体工艺要求如下。

① 布线时，严禁损伤线芯和导线绝缘。

② 各电器元件接线端子引出导线的走向，以元件的水平中心线为界限，必须进入元件的走线槽。任何导线都不允许从水平方向进入走线槽内。

③ 各电器元件接线端子上引出或引入的导线，除间距很小和元件机械强度很差允许直接架空敷设外，其他导线必须经过走线槽进行连接。

④ 进入走线槽内的导线要完全置于走线槽内，并应尽可能避免交叉，装线不要超

过其容量的 70%，以便于能盖上线槽盖和以后的装配及维修。

⑤ 各电器元件与走线槽之间的外露导线，应走线合理，并尽可能做到横平竖直，变换走向要垂直。同一个元件上位置一致的端子和同型号电器元件中位置一致的端子上引出或引入导线，要敷设在同一平面上，并应做到高低一致或前后一致，不得交叉。

⑥ 所有接线端子、导线线点上都应套有与电路图上相应接点线号一致的编码套管，并按线号进行连接，连接必须牢靠，不得松动。

⑦ 在任何情况下，接线端子必须与导线截面积和材料性质相适应。当接线端子不适合连接软线或较小截面积的软线时，可以在导线端点穿上针形或叉形轧点并压紧。

4）按图 6-7 检验控制板内部布线的正确性，图 6-8 为其外部安装接线图。

实验电路连接好后，学生应先自行进行认真仔细的检查，特别是二次接线，一般可采用万用表进行校线，以确认电路连接正确无误。

图 6-8 双速异步电动机控制
电路的安装接线图

5）安装电动机。

6）连接电动机和按钮金属外壳的保护接地线。

7）连接电源、电动机等控制板外部的导线。

8）自检。

9）交验。

10）检查无误后通电试车。

为保证人身安全，在通电试车时，要认真执行安全操作规程的有关规定，一人监护、一人操作。试车前应检查与通电试车有关的电气设备是否有不安全的因素存在，若查出应立即整改，然后方能试车。

4. 实验注意事项

1）接线时，注意主电路中接触器 KM1、KM2 在两种转速下电源相序的改变，不能接错；否则，两种转速下电动机的转向相反，换向时将产生很大的冲击电流。

2）控制双速电动机三角形接法的接触器 KM1 和 YY 形接法的 KM2 的主触点不能对换接线，否则不但无法实现双速控制要求，而且会在 YY 形运转时造成电源短路事故。

3）热继电器 FR1、FR2 的整定电流及其在主电路中接线不要搞错。

4）时间继电器和热继电器的整定值，应在不通电时预先整定好，并在试车时校正。

5）实验中一定要安全文明操作。

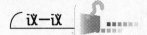

双速交流异步电动机自动变速控制电路的优点和缺点各是什么？如何克服此电路的不足？

双速交流异步电动机自动变速控制电路的接线方法及调试。

请对自己完成任务的情况进行评估，并填写下表。

评 分 标 准

项目内容	配分	评 分 标 准	扣分
装前检查	15	① 电动机质量检查，每漏一处扣 3 分 ② 电器元件漏检或错检，每处扣 2 分	
安装元件	15	① 不按布置图安装，扣 10 分 ② 元件安装不牢固，每只扣 2 分 ③ 安装元件时漏装螺钉，每只 扣 0.5 分 ④ 元件安装不整齐、不匀称、不合理，每只 扣 3 分 ⑤ 损坏元件，扣 10 分	
布线	30	① 不按电路图接线，扣 15 分 ②布线不符合要求： 　主电路，每根扣 2 分 　控制电路，每根扣 1 分 ③ 接点松动、接点露铜过长、压绝缘层、反圈等，每处扣 0.5 分 ④ 损伤导线绝缘或线芯，每根扣 0.5 分 ⑤ 漏接接地线，扣 10 分 ⑥ 标记线号不清楚、遗漏或误标，每处扣 0.5 分	
通电试车	40	① 第一次试车不成功，扣 10 分 ② 第二次试车不成功，扣 20 分 ③ 第三次试车不成功，扣 30 分	
安全文明生产		违反安全、文明生产规程，扣 5～40 分	
定额时间 180min		按每超时 5min 扣 5 分计算	
备注		除定额时间外，各项目的最高扣分不应超过配分数	成绩
开始时间		结束时间	实际时间

任务三 安装和调试异步电动机正/反转启动制动控制电路

- 能正确分析异步电动机正/反转启动制动控制电路的工作原理。
- 能安装、调试异步电动机正/反转启动制动控制电路。

任务教学方式

教学步骤	时间安排	教学方式
阅读教材	课余	自学、查资料、相互讨论
知识讲解	2课时	重点分析异步电动机正反转启动制动控制电路的工作原理
操作技能	8课时	安装和调试控制电路,采取学生训练和教师指导相结合

知识1 双重联锁正/反转启动反接制动的控制电路

三相异步电动机双重联锁正/反转启动反接制动的控制电路,如图6-9所示。

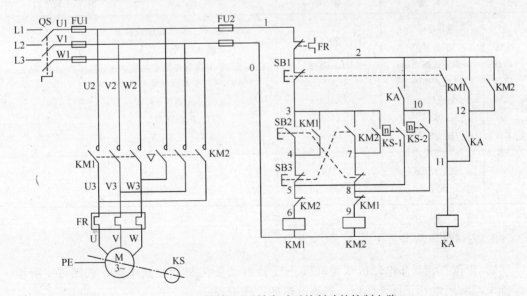

图6-9 双重联锁正/反转启动反接制动的控制电路

实训 1　安装和调试双重联锁正/反转启动反接制动的控制电路

1. 实训目的

1）学会三相异步电动机双重联锁正/反转启动反接制动控制电路的接线和操作方法。

2）理解三相异步电动机双重联锁正/反转启动反接制动的控制电路的基本原理。

2. 实训所需器材

1）工具：螺钉旋具、尖嘴钳、斜口钳、剥线钳、电工刀等。

2）仪表：MF47 型万用表、ZC25B-3 型兆欧表。

3）器材：

①控制板一块。

②导线规格：主电路采用 BV 1.5mm² 和 BVR 1.5mm²；控制电路采用 BV 1mm²；按钮线采用 BVR 0.75mm²；接地线采用 BVR 1.5mm²。导线数量由教师根据实际情况确定。

③紧固体和编码套管按实际需要提供。

④电器元件明细线见表 6-5。

表 6-5　元件明细表

代　号	名　　称	型　号	规　　格	数　量
M	三相异步电动机	Y112M-4	4kW、380V、三角形接法或自定	1
QS	组合开关	HZ10-25/3	三极、额定电流 25A	1
FU1	螺旋式熔断器	RL1-60/20	500V、60A、配熔体额定电流 20A	3
FU2	螺旋式熔断器	RL1-15/2	500V、15A、配熔体额定电流 2A	2
KM	交流接触器	CJ10-20	20A、线圈电压 380V	2
SB	按钮	LA10-3H	保护式、按钮数 3	1
KA	中间继电器	JZ7-44A	线圈电压 380V	1
FR	热继电器	JR16-20/3	20A	1
KS	速度继电器	JYI		1
XT	端子板	JX2-1015	10A、15 节、380V	1

3. 实训步骤及工艺要求

1）识读三相异步电动机双重联锁正反转启动反接制动控制电路，如图 6-9 所示，明确电路所用电器元件及作用，熟悉电路的工作原理。

2）按表 6-5 配齐所用电器元件，并进行质量检验。

①电器元件的技术数据（如型号、规格、额定电压、额定电流等）应完整并符合要

求，外观无损伤，备件、附件齐全完好。

②检查电器元件的电磁机构动作是否灵活，有无衔铁卡阻等不正常现象。用万用表检查电磁线圈的通断情况及各触点的分合情况。

③检查接触器线圈额定电压与电源电压是否一致。

3）在控制板上安装走线槽和所有电器元件，并贴上醒目的文字符号。安装走线槽时，应做到横平竖直、排列整齐匀称、安装牢固和便于走线等。板前线槽配线的具体工艺要求如下。

①布线时，严禁损伤线芯和导线绝缘。

②各电器元件接线端子引出导线的走向，以元件的水平中心线为界限，必须进入元件的走线槽。任何导线都不允许从水平方向进入走线槽内。

③各电器元件接线端子上引出或引入的导线，除间距很小和元件机械强度很差允许直接架空敷设外，其他导线必须经过走线槽进行连接。

④进入走线槽内的导线要完全置于走线槽内，并应尽可能避免交叉，装线不要超过其容量的70%，以便于能盖上线槽盖和以后的装配及维修。

⑤各电器元件与走线槽之间的外露导线，应走线合理，并尽可能做到横平竖直，变换走向要垂直。同一个元件上位置一致的端子和同型号电器元件中位置一致的端子上引出或引入导线，要敷设在同一平面上，并应做到高低一致或前后一致，不得交叉。

⑥所有接线端子、导线线点上都应套有与电路图上相应接点线号一致的编码套管，并按线号进行连接，连接必须牢靠，不得松动。

⑦在任何情况下，接线端子必须与导线截面积和材料性质相适应。当接线端子不适合连接软线或较小截面积的软线时，可以在导线端点穿上针形或叉形轧点并压紧。

4）按图6-9检验控制板内部布线的正确性，图6-10为其外部安装接线图。

实验电路连接好后，学生应先自行进行认真仔细的检查，特别是二次接线，一般可采用万用表进行校线，以确认电路连接正确无误。

5）安装电动机、速度继电器。

图6-10 双重联锁正反转启动反接制动控制电路的安装接线图

6）连接电动机和按钮金属外壳的保护接地线。

7）连接电源、电动机等控制板外部的导线。

8）自检。

9）交验。

10）检查无误后通电试车。

为保证人身安全，在通电试车时，要认真执行安全操作规程的有关规定，一人监护、一人操作。试车前应检查与通电试车有关的电气设备是否有不安全的因素存在，若查出应立即整改，然后方能试车。

4. 实验注意事项

1）电动机、时间继电器、接线端子板的不带电金属外壳或底板应可靠接地。

2）电源进线应接在螺旋式熔断器底座的中心端上，出线应接在螺纹外壳上。

3）速度继电器可以预先安装好，不属于定额时间。安装时，采用速度继电器的连接点与电动机转轴直接连接的方法，并使两轴中心线重合。

4）通电试车时，若制动不正常，可检查速度继电器是否符合规定要求。若需调节速度继电器的调整螺钉时，必须切断电源，以防止出现相对地短路而引起事故。

5）热继电器的整定值，应在不通电时预先整定好，并在试车时校正。

6）实验中一定要注意安全操作。

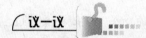

三相异步电动机双重联锁正/反转启动反接制动控制电路的优点和缺点各是什么？如何克服此电路的不足？

三相异步电动机双重联锁正/反转启动反接制动控制电路的接线方法及调试。

请对自己完成任务的情况进行评估，并填写下表。

评 分 标 准

项目内容	配分	评 分 标 准	扣分
装前检查	15	① 电动机质量检查，每漏一处扣3分 ③ 电器元件漏检或错检，每处扣2分	
安装元件	15	① 不按布置图安装，扣10分 ② 元件安装不牢固，每只扣2分 ③ 安装元件时漏装螺钉，每只扣0.5分 ④ 元件安装不整齐、不匀称、不合理，每只扣3分 ⑤ 损坏元件，扣10分	
布线	30	① 不按电路图接线，扣15分 ②布线不符合要求： 　主电路，每根扣2分 　控制电路，每根扣1分 ③ 接点松动、接点露铜过长、压绝缘层、反圈等，每处扣0.5分 ④ 损伤导线绝缘或线芯，每根扣0.5分 ⑤ 漏接接地线，扣10分 ⑥ 标记线号不清楚、遗漏或误标，每处扣0.5分	

续表

项目内容	配分	评 分 标 准	扣分
通电试车	40	① 第一次试车不成功,扣 10 分 ② 第二次试车不成功,扣 20 分 ③ 第三次试车不成功,扣 30 分	
安全文明生产		违反安全、文明生产规程,扣 5~40 分	
定额时间 180min		按每超时 5min 扣 5 分计算	
备注		除定额时间外,各项目的最高扣分不应超过配分数	成绩
开始时间		结束时间		实际时间	

知识 2　双重联锁正/反转启动能耗制动的控制电路

三相异步电动机双重联锁正/反转启动能耗制动的控制电路,如图 6-11 所示。

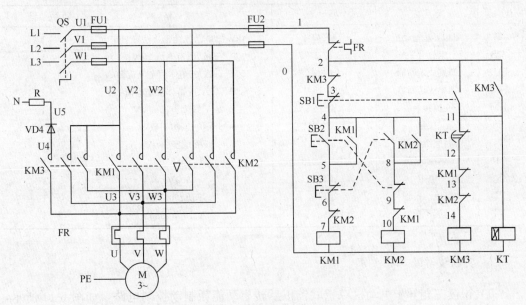

图 6-11　双重联锁正/反转启动能耗制动的控制电路

 做一做

实训 2　安装和调试双重联锁正/反转启动能耗制动控制电路

1. 实训目的

1) 学会三相异步电动机双重联锁正/反转启动能耗制动控制电路的接线和操作方法。

2）理解三相异步电动机双重联锁正/反转启动能耗制动的控制电路的基本原理。

2. 实训所需器材

1）工具：螺钉旋具、尖嘴钳、斜口钳、剥线钳、电工刀等。

2）仪表：MF47 型万用表、ZC25B-3 型兆欧表。

3）器材：

①控制板一块。

②导线规格：主电路采用 BV 1.5mm^2 和 BVR 1.5mm^2；控制电路采用 BV 1mm^2；按钮线采用 BVR 0.75mm^2；接地线采用 BVR 1.5mm^2。导线数量由教师根据实际情况确定。

③紧固体和编码套管按实际需要提供。

④电器元件明细表见表 6-6。

表 6-6　元件明细表

代 号	名 称	型 号	规 格	数 量
M	三相异步电动机	Y112M-4	4kW、380V、三角形接法或自定	1
QS	组合开关	HZ10-25/3	三极、额定电流25A	1
FU1	螺旋式熔断器	RL1-60/20	500V、60A、配熔体额定电流20A	3
FU2	螺旋式熔断器	RL1-15/2	500V、15A、配熔体额定电流2A	2
KM	交流接触器	CJ10-20	20A、线圈电压380V	4
SB	按钮	LA10-3H	保护式、按钮数3	1
KT	时间继电器	JS7-2A	线圈电压380V	1
FR	热继电器	JR16-20/3	20A	1
R	电阻	2CZ30	600V	1
VD	整流二极管	2CZ30	15A、600V	1
XT	端子板	JX2-1015	10A、15 节、380V	1

3. 实训步骤及工艺要求

1）识读三相异步电动机双重联锁正反转启动能耗制动控制电路，如图 6-11 所示，明确电路所用电器元件及作用，熟悉电路的工作原理。

2）按表 6-6 配齐所用电器元件，并进行质量检验。

①电器元件的技术数据（如型号、规格、额定电压、额定电流等）应完整并符合要求，外观无损伤，备件、附件齐全完好。

②检查电器元件的电磁机构动作是否灵活，有无衔铁卡阻等不正常现象。用万用表检查电磁线圈的通断情况以及各触点的分合情况。

③检查接触器线圈额定电压与电源电压是否一致。

3）在控制板上安装走线槽和所有电器元件，并贴上醒目的文字符号。安装走线槽时，应做到横平竖直、排列整齐匀称、安装牢固和便于走线等。板前线槽配线的具体工艺要求是：

① 布线时，严禁损伤线芯和导线绝缘。

② 各电器元件接线端子引出导线的走向，以元件的水平中心线为界限，必须进入元件的走线槽。任何导线都不允许从水平方向进入走线槽内。

③各电器元件接线端子上引出或引入的导线，除间距很小和元件机械强度很差允许直接架空敷设外，其他导线必须经过走线槽进行连接。

④进入走线槽内的导线要完全置于走线槽内，并应尽可能避免交叉，装线不要超过其容量的70%，以便于能盖上线槽盖和以后的装配及维修。

⑤各电器元件与走线槽之间的外露导线，应走线合理，并尽可能做到横平竖直，变换走向要垂直。同一个元件上位置一致的端子和同型号电器元件中位置一致的端子上引出或引入导线，要敷设在同一平面上，并应做到高低一致或前后一致，不得交叉。

⑥所有接线端子、导线线点上都应套有与电路图上相应接点线号一致的编码套管，并按线号进行连接，连接必须牢靠，不得松动。

⑦在任何情况下，接线端子必须与导线截面积和材料性质相适应。当接线端子不适合连接软线或较小截面积的软线时，可以在导线端点穿上针形或叉形轧点并压紧。

4）按图 6-11 检验控制板内部布线的正确性，图 6-12 为其外部安装接线图。

实验电路连接好后，学生应先自行进行认真仔细的检查，特别是二次接线，一般可采用万用表进行校线，以确认电路连接正确无误。

5）安装电动机、整流二极管、电阻器。

6）连接电动机和按钮金属外壳的保护接地线。

7）连接电源、电动机等控制板外部的导线。

图 6-12 双重联锁正反转启动能耗制
控制电路的安装接线图

8）自检。

9）交验。

10）检查无误后通电试车。

为保证人身安全，在通电试车时，要认真执行安全操作规程的有关规定，一人监护、一人操作。试车前应检查与通电试车有关的电气设备是否有不安全的因素存在，若查出应立即整改，然后方能试车。

4. 实验注意事项

1）电动机、时间继电器、接线端子板的不带电金属外壳或底板应可靠接地。

2）电源进线应接在螺旋式熔断器底座的中心端上，出线应接在螺纹外壳上。

3）要注意电动机必须进行换相，否则，电动机只能进行单向运转。

4）要特别注意双重联锁触点不能接错，否则，将会造成主电路中两相电源短路事故。

5）接线时，不能将正/反转接触器的自锁触点进行互换，否则，只能进行点动控制。

6）实验中一定要安全文明操作。

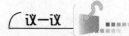

三相异步电动机双重联锁正/反转启动能耗制动控制电路的优点和缺点各是什么？如何克服此电路的不足？

三相异步电动机双重联锁正/反转启动能耗制动控制电路的接线方法及调试。

请对自己完成任务的情况进行评估，并填写下表。

评 分 标 准

项目内容	配分	评 分 标 准	扣分
装前检查	15	① 电动机质量检查，每漏一处扣3分 ② 电器元件漏检或错检，每处扣2分	
安装元件	15	① 不按布置图安装，扣10分 ② 元件安装不牢固，每只扣2分 ③ 安装元件时漏装螺钉，每只扣0.5分 ④ 元件安装不整齐、不匀称、不合理，每只扣3分 ⑤ 损坏元件，扣10分	
布线	30	① 不按电路图接线，扣15分 ② 布线不符合要求： 　主电路，每根扣2分 　控制电路，每根扣1分 ③ 接点松动、接点露铜过长、压绝缘层、反圈等，每处扣0.5分 ④ 损伤导线绝缘或线芯，每根扣0.5分 ⑤ 漏接接地线，扣10分 ⑥ 标记线号不清楚、遗漏或误标，每处扣0.5分	
通电试车	40	① 第一次试车不成功，扣10分 ② 第二次试车不成功，扣20分 ③ 第三次试车不成功，扣30分	
安全文明生产		违反安全、文明生产规程，扣5～40分	
定额时间180min		按每超时5min扣5分计算	
备注		除定额时间外，各项目的最高扣分不应超过配分数	成绩
开始时间		结束时间	实际时间

深入调查了解企事业，认真分析维修电工职业的特点，正确地分析各种三相异步电动机控制电路的工作原理。

思考与练习

一、填空题：

1. 导线与接线端子或线桩连接时，应不压_____、不_____及不_____过长。并做到同一元件、同一回路的不同接点的导线间_____保持一致。

2. 一个电器元件接线端子上的连接导线不得超过_____根，每节接线端子板上的连接导线一般只允许连接_____根。

3. 在控制板上安装走线槽时，应做到_____、排列_____、安装_____和便于_____等。

4. 进入走线槽内的导线要_____置于走线槽内，并应尽可能地避免_____，装线不要超过其容量的_____％，以便于能盖上线槽盖和以后的装配及维修。

5. 为保证人身安全，在通电试车时，要认真执行_____的有关规定，一人_____，一人_____。试车前应检查与通电试车有关的电气设备是否有不安全的因素存在，若查出应立即整改，然后方能试车。

二、如图 6-13 所示电路为双重联锁正/反转启动能耗制动的控制电路图，试分析并叙述其工作原理。

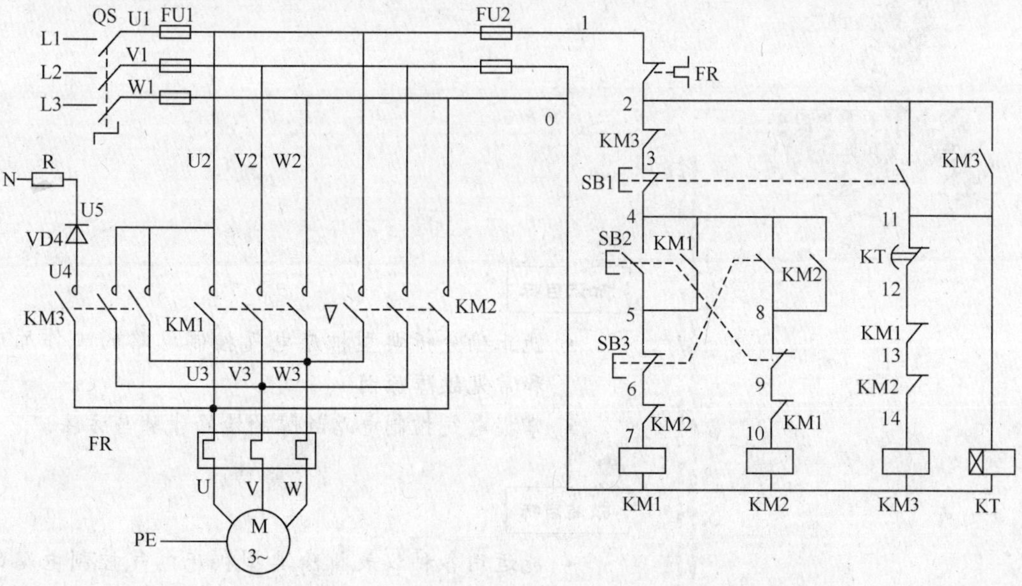

图 6-13 双重联锁正/反转启动能耗制动的控制电路图

项目七

典型机床电气控制电路及其故障分析与维修

由于各类机床型号不止一种，即使是同一种型号由于制造商不同，其控制电路也存在差别。只有通过典型的机床控制电路的学习，进行综合归纳，才能抓住各类机床的特殊性与普遍性。重点学会阅读、分析机床电气控制电路的原理图；学会常见故障的分析方法及维修技能。关键是能做到举一反三，触类旁通。检修机床电路是一项技能性很强而又细致的工作。当机床在运行时一旦发生故障，检修人员首先应对其进行认真检查，经过周密的思考，作出正确的判断，找出故障源，然后着手排除故障。

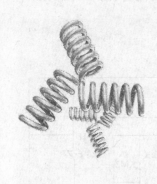

知识目标

- 能正确分析典型机床电气控制电路的工作原理和常见故障原因。
- 掌握电气控制电路故障的检修步骤与方法。

技能目标

- 能运用各种仪表排除典型机床电气控制电路的常见故障。

任务一 如何阅读机床电气原理图

 **任务目标**

掌握阅读电气控制原理图的方法和技巧。

 任务教学方式

教学步骤	时间安排	教学方式
阅读教材	课余	自学、查资料、相互讨论
知识讲解	2课时	重点讲授如何阅读机床电气原理图的方法
操作技能	2课时	观察与演示机床的动作原理,采取参观教学

 **读一读**

掌握阅读原理图的方法和技巧,对于分析电气电路,排除机床电路故障是十分有意义的。机床电气原理图一般由主电路、控制电路、照明电路、指示电路等几部分组成。阅读方法如下。

1. 主电路的分析

阅读主电路时,关键是先了解主电路中有哪些用电设备及所起的作用,由哪些电器来控制,采取哪些保护措施。

2. 控制电路的分析

阅读控制电路时,应能根据主电路中接触器的主触点编号,很快找到相应的线圈及控制电路。依次分析出电路的控制功能。从简单到复杂,从局部到整体,最后进行综合分析,就可以全面读懂控制电路。

3. 照明电路的分析

阅读照明电路时,查看变压器的变比、灯泡的额定电压。

4. 指示电路的分析

阅读指示电路时,很重要的一点是:当电路正常工作时,为机床正常工作状态的指示;当机床出现故障时,是机床故障信息反馈的依据。

一般检查和分析方法如下。

(1) 修理前的调查研究

1) 问。询问机床操作人员,故障发生前后的情况如何,有利于根据电气设备的工作原理来判断发生故障的部位,分析出故障的原因。

2）看。观察熔断器内的熔体是否熔断；其他电气元件是否烧毁、发热、断线；导线连接螺钉是否松动；触点是否氧化、积尘等。要特别注意高电压、大电流的地方，活动机会多的部位，容易受潮的接插件等。

3）听。电动机、变压器、接触器等，正常运行的声音和发生故障时的声音是有区别的，听声音是否正常，可以帮助寻找故障的范围、部位。

4）摸。电动机、电磁线圈、变压器等发生故障时，温度会显著上升，可切断电源后用手去触摸来判断元件是否正常。

注意： 不论电路通电还是断电，要特别注意不能用手直接去触摸金属触点，必须借助仪表来测量。

（2）从机床电气原理图进行分析

首先熟悉机床的电气控制电路，结合故障现象，对电路工作原理进行分析，便可以迅速判断出故障发生的可能范围。

（3）检查方法

根据故障现象分析，先弄清属于主电路的故障还是控制电路的故障，属于电动机的故障还是控制设备的故障。当故障弄清以后，应该进一步检查电动机或控制设备。必要时可采用替代法，即用好的电动机或用电设备来替代。如果是控制电路有问题，应该先进行一般的外观检查，检查控制电路的相关电气元件。如接触器、继电器、熔断器等有无硬裂、烧痕、接线脱落、熔体熔断等，同时用万用表检查线圈有无断线、烧毁，触点熔焊。

外观检查找不到故障时，将电动机从电路中卸下，对控制电路逐步检查，可以进行通电吸合试验，观察机床电气各电器元件是否按要求顺序动作，发现哪部分动作有问题，就在哪部分找故障点，逐步缩小故障范围，直到全部故障排除为止，决不能留下隐患。

有些电器元件的动作是由机械配合或靠液压推动的，应会同机修人员进行检查处理。

（4）无电气原理图时的检查方法

首先，查清不动作的电动机工作电路。在不通电的情况下，以该电动机的接线盒为起点开始查找，顺着电源线找到相应的控制接触器，然后，以此接触器为核心，一路从主触点开始，继续查到三相电源，查清主电路；一路从接触器线圈的两个接线端子开始向外延伸，经过什么电器，弄清控制电路的来龙去脉。必要的时候，边查找边画出草图。若需拆卸时，要记录拆卸的顺序、电器结构等，再采取排除故障的措施。

（5）检修机床电气故障时应注意的问题

1）检修前应将机床清理干净。

2）将机床电源断开。

3）电动机不能转动，要从电动机有无通电，控制电动机的接触器是否吸合入手，绝不能立即拆修电动机。通电检查时，一定要先排除短路故障，在确认无短路故障后方可通电，否则，会造成更大的事故。

4）当需要更换熔断器的熔体时，必须选择与原熔体型号相同，不得随意选择参数值更大的熔件，以免造成意外的事故或留下更大的后患。因为熔体的熔断，说明电路存在较大的冲击电流，如出现短路、严重过载、电压波动很大等。

5）热继电器的动作、烧毁，也要求先查明过载原因，不然的话，故障还是会复发。并且修复后一定要按技术要求重新整定保护值，并要进行可靠性试验，以避免发生失控。

6）用万用表电阻挡测量触点、导线通断时，量程置于"×1Ω"档。

7）如果要用兆欧表检测电路的绝缘电阻，应断开被测支路与其他支路的联系，避免影响测量结果。

8）在拆卸元件及端子连线时，特别是对不熟悉的机床，一定要仔细观察，理清控制电路，千万不能蛮干。要及时做好记录、标号，避免在安装时发生错误，方便复原。螺钉、垫片等放在盒子里，被拆下的线点要做好绝缘包扎，以免造成人为的事故。

9）试车前先检测电路是否存在短路现象。在正常的情况下进行试车，应当注意人身及设备安全。

10）机床故障排除后，一切要恢复到原来样子。

任务二　万能铣床控制电路

任务目标

- 了解 X62W 万能铣床的结构及运动形式，掌握其"纵向、横向与垂直操作手柄"的功能。
- 掌握 X62W 万能铣床的控制要求及其控制电路的工作原理。
- 了解 X62W 万能铣床控制电路常见的电气故障，掌握其分析与检查方法。

任务教学方式

教学步骤	时间安排	教学方式
阅读教材	课余	自学、查资料、相互讨论
知识讲解	4 课时	重点讲授万能铣床控制电路的纵向操作手柄和横向与垂直操纵手柄的功能，控制电路常见故障及排除方法
操作技能	8 课时	具体机床的故障维修，采取学生训练和教师指导相结合

读一读

知识 1　X62W 万能铣床控制电路

1.X62W 万能铣床的用途

用圆柱铣刀、圆片铣刀、角度铣刀、成型铣刀及端面铣刀等刀具对各种零件进行平面、斜面、螺旋面及成型表面加工。

2. X62W 万能铣床型号意义

3. X62W 万能铣床的主要结构及运动形式

X62W 万能铣床的结构如图 7-1，主要由床身、主轴、刀杆、悬梁、工作台、回转盘、横溜板、升降台、底座等几部分组成。

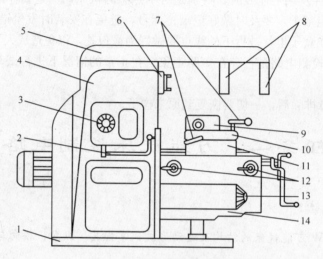

图 7-1　X62W 万能铣床结构图

1—底座　2—主轴变速手柄　3—主轴变速盘　4—床身　5—悬梁　6—主轴

7—纵向操纵手柄　8—刀杆支架　9—工作台　10—回转盘　11—横溜板

12—十字手柄　13—进给变速柄与盘　14—升降台

铣床主轴带动铣刀的旋转运动是主运动；铣床工作台的前后（横向）、左右（纵向）和上下（垂直）6 个方向的运动是进给运动。

4. X62W 万能铣床电力拖动特点及控制要求

1）铣削加工有顺铣和逆铣两种加工方式，要求主轴电动机能正反转，但考虑到批量顺铣或逆铣，因此，在铣床床身下侧电器箱上设置一个组合开关，来改变电源相序实现主轴电动机的正反转。由于主轴传动系统中装有避免振动的惯性轮，使主轴停车困难，故主轴电动机采用电磁离合器制动以实现准确停车。

2）铣床的工作台要求有前后、左右、上下 6 个方向的进给运动和快速移动，也要求进给电动机能正反转，并通过操纵手柄和机械离合器相配合来实现。进给的快速移动是通过电磁铁和机械挂挡来完成的。圆形工作台的回转运动是由进给电动机经传动机构驱动的。

3）根据加工工艺的要求，铣床应具有以下电气联锁措施。

①为防止刀具和铣床的损坏，要求只有主轴旋转后才允许有进给运动和进给方向的快速移动。

②为了减小加工件表面的粗糙度，只有进给停止后主轴才能停止或同时停止。

③6 个方向的进给运动中同时只能有一种运动产生，该铣床采用了机械操纵手柄和位置开关相配合的方式来实现 6 个方向的联锁。

4）主轴运动和进给运动采用变速盘来进行速度选择，为保证变速齿轮进入良好啮合状态，两种运动都要求变速后作瞬时点动。

5）当主轴电动机或冷却泵电动机过载时，进给运动必须立即停止，以免损坏刀具和铣床。

6）要求有冷却系统、照明设备及各种保护措施。

5. X62W 万能铣床电气控制电路分析

X62W 万能铣床的电路如图 7-2 所示。该电路分为主电路、控制电路和照明电路三部分。

（1）主电路分析

主电路有三台电动机，其中 M1 为主轴电动机，M2 为工作台进给电动机，M3 为冷却泵电动机。QS1 为电源开关，各电动机的控制过程分别如下。

主轴电动机由接触器 KM1 控制，M1 旋转方向由组合开关 SA3 预先选择。M1 的启动、停止的控制可在两地操作，采用电磁离合器制动。

工作台进给电动机 M2 由接触器 KM3 、KM4 控制，并由接触器 KM2 控制快速工作台的移动速度，KM2 接通工作台快速移动。正/反转接触器 KM3 、KM4 是由两个机械操作手柄和机械联动机构控制相应的位置开关使进给电动机 M2 正转或反转来实现的，6 个方向的运动是联锁的，不能同时接通。

冷却泵电动机由接触器 KM1 控制，单方向运转。

（2）控制电路分析

控制电路电压为 127V ，由控制变压器 TC 供给。

1）主电动机的控制电路。

① 主电动机的起动。按下启动按钮 SB1 （或 SB2），接触器 KM1 线圈得电，KM1 主触点和自锁触点闭合，主轴电动机 M1 启动运转，KM1 常开辅助触点闭合，为工作台进给电路提供了电源。

② 主电动机的制动。按下停止按钮 SB5 （或 SB6），SB5-1 （或 SB6-1）常闭触点分断，接触器 KM1 线圈失电，KM1 触点复位，电动机 M1 断电惯性运转，SB5-2 （或 SB6-2）常开触点闭合，接通电磁离合器 YC1，主轴电动机 M1 制动停转。

③ 主轴变速控制。主轴变速时的冲动控制，是利用变速手柄与冲动位置开关 SQ1 通过机械上的联动机构进行控制。

2）工作台进给控制。

① 工作台的左右（纵向）运动，见表 7-1。

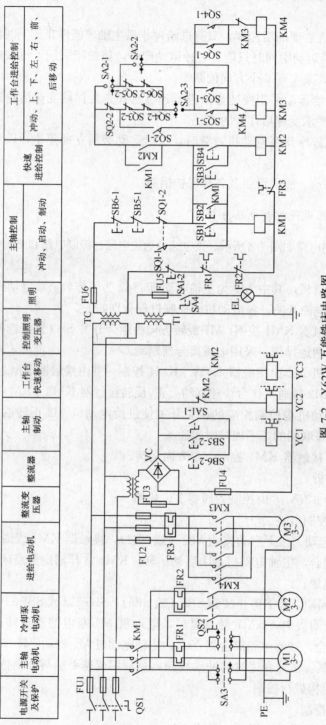

图 7-2 X62W 万能铣床电路图

表 7-1 工作台左右进给手柄位置及其控制关系

手柄位置	位置开关动作	接触器动作	电动机 M2 转向	传动链搭合丝杠	工作台运动方向
左	SQ5	KM3	正转	左右进给丝杠	向左
中	—	—	停止	—	停止
右	SQ6	KM4	反转	左右进给丝杠	向右

② 工作台的前后（横向）和上下（升降）进给控制，见表 7-2。

表 7-2 工作台上、下、中、前、后进给手柄位置及其控制关系

手柄位置	位置开关动作	接触器动作	电动机 M2 转向	传动链搭合丝杠	工作台运动方向
上	SQ4	KM4	反转	上下进给丝杠	向上
下	SQ3	KM3	正转	上下进给丝杠	向下
中	—	—	停止	—	停止
前	SQ3	KM3	正转	前后进给丝杠	向前
后	SQ4	KM4	反转	前后进给丝杠	向后

③ 工作台的快速移动。按下快速移动按钮 SB3 或 SB4（两地控制），接触器 KM2 得电，KM2 常闭触点分断，电磁离合器 YC2 失电，将齿轮传动链与进给丝杠分离；KM2 两对常开触点闭合，一对使电磁离合器 YC3 得电，将电动机 M2 与进给丝杠直接搭合；另一对使接触器 KM3 或 KM4 得电动作，电动机 M2 得电正转或反转，带动工作台沿选定的方向快速移动。由于工作台的快速移动采用的是点动控制，故松开 SB3 或 SB4，快速移动停止。

④ 进给变速时"冲动"控制。进给变速时，挡块压下位置开关 SQ2，使触点 SQ2-2 分断，SQ2-1 闭合，接触器 KM3 得电动作，电动机 M2 启动；随着变速盘复位，位置开关 SQ2 跟着复位，使 KM3 断电释放，电动机 M2 失电停转。这样使电动机 M2 瞬时点动一下，齿轮系统产生一次抖动，齿轮便顺利啮合了。

3）圆工作台进给控制。为加工螺旋槽、弧形槽等，X62W 型万能铣床附有圆形工作台及其传动机构。圆工作台转换开关位置及其控制关系见表 7-3。

表 7-3 圆工作台转换开关位置及其控制关系

位置 触点	接通圆工作台	断开圆工作台
SA2-1	—	+
SA2-2	+	—
SA2-3	—	+

4）冷却泵电动机的控制。由转换开关 SA3 控制接触器 KM1 来控制冷泵电动机 M3 的起动与停止。

（3）联锁与保护

1）进给运动与主运动的顺序联锁。

2）工作台各运动方向的联锁。

3）长工作台与圆工作台间的联锁。

4）保护环节。

知识 2　X62W 万能铣床控制线路故障分析与排除

读者需要注意以下几点。

图 7-3　X62 万能铣床智能模拟机床

1）电阻测量法必须在断电情况下进行。

2）采用电压测量法时，万用表测量挡必须高于被测电压。

3）在排除故障时，通常以接触器、继电器的得电与否来判断故障在主电路还是控制电路。几个进给动作同时不工作时，排除故障就找公共电路部分；其他几个进给动作，只有一个进给不动作，排除故障就找该支路部分。

4）电路中的各操作手柄位置也很重要。

5）通过模拟故障排除，培养大家的分析能力和判断能力。

6）本章采用的排故方法仅供参考，学员应当领会精神，做到举一反三。

7）本章的模拟故障点均为参照浙江亚龙科技集团有限公司的模拟机床（如图 7-3 所示）的故障点，故障原理图如图 7-4 所示。

8）电动机缺相检查通电时间不能超过 1 分钟，以免烧毁电动机。

根据 X62W 万能铣床故障原理图进行故障现象原因分析及确定故障排除方法如下。

☞【故障现象】015—030 点间断路。全部电机不转，伴有"嗡嗡"声，制动不正常。

【故障原因】主电路断路缺相；熔断器 FU1 熔断；变压器 T2 损毁；触头螺丝松动等。

【排除方法】用万用表检查熔断器 FU1 熔断是否熔断、变压器 T2 初/次级线圈是否正常。确定上述元件正常后合上 QS1，把万用表打到电压挡，测 98 点和 81 点电压正常，测 98 点和 74 点电压不正常，可得 L3 相有问题。断开 QS 把万用表打到电阻挡测得 15 点到 30 点断路，恢复模拟故障点 1 开关，故障排除。

☞【故障现象】019—020 点间断路。主轴电机不转，伴有"嗡嗡"声，其他电动机运行正常。

【故障原因】主轴主电路断路缺相；热继电器 FR1 断一相；转换开关 SA3 断一相；电动机 M1 一相损毁等。

【排除方法】用万用表检查热继电器 FR1、转换开关 SA3、电动机 M1 是否正常。

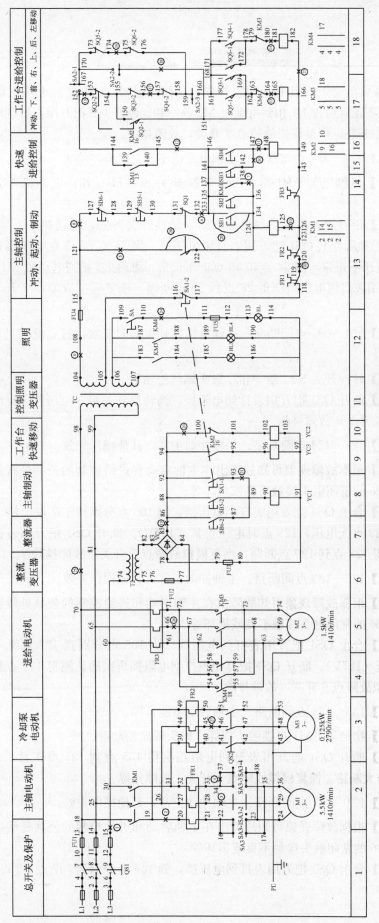

图7-4 X62W万能铣床故障原理图

确定上述元件正常后合上 QS1 把万用表打到电压挡，测 32 点和 27 点电压正常，测 32 点和 20 点电压不正常可得 L1 相到电动机 M1 缺一相。断开 QS 把万用表打到电阻挡测得 19 点到 20 点断路，恢复模拟故障点 2 开关，故障排除。

☞【故障现象】028—029 点间断路。主轴电动机不转，伴有"嗡嗡"声。

【故障原因】热继电器 FR1 断一相；转换开关 SA3 断一相；电动机 M1 一相损毁等。

【排除方法】用万用表检查热继电器 FR1、转换开关 SA3、电动机 M1 是否正常。确定上述元件正常后合上 QS1 把万用表打到电压挡，测 24 点和 29 点电压不正常，测 29 点和 36 点电压不正常，测 24 点和 36 点电压正常，可得 L2 相到电动机 M1 缺一相。断开 QS1 把万用表打到电阻挡测得 28 点到 29 点断路，恢复模拟故障点 3 开关，故障排除。

☞【故障现象】034—037 点间断路。主轴电机打到正转时正常，打到反转时不转，伴有"嗡嗡"声。

【故障原因】转换开关 SA3 断一相；触头螺丝松动等。

【排除方法】断开 QS1 把万用表打到电阻挡，测转换开关得 34 点到 37 点断路，恢复模拟故障点 4 开关，故障排除。

☞【故障现象】128—129 点间断路。主轴冲动正常，其他操作失效。

【故障原因】根据故障现象可知故障出在主轴启动和进给控制的公共处线路；开关 QS1、SB5、SB6 的常闭触头接触不良或损坏等。

【排除方法】合上 QS1 把万用表打到电压挡，测 105 点分别到 137 点、132 点、131 点、130 点、129 点无电压，128 点时电压正常（127V）。断开 QS1 把万用表打到电阻挡再次确认测得 128 点到 129 点断路，恢复模拟故障点 5 开关，故障排除。

☞【故障现象】132—133 点间断路。主轴冲动正常，其他操作失效。

【故障原因】根据故障现象可知故障出在主轴启动和进给控制的公共处线路；开关 QS1、SB5、SB6 的常闭触头接触不良或损坏等。

【排除方法】合上 QS1 把万用表打到电压挡，测 105 点分别到 133 点无电压、到 132 点时有电压（127V）。断开 QS1 把万用表打到电阻挡再次确认测得 132 点到 133 点断路，恢复模拟故障点 6 开关，故障排除。

☞【故障现象】136—138 点间断路。主轴启动不能自锁。

【故障原因】接触器 KM1 自锁触头损坏；触头螺丝松动等。

【排除方法】断开 QS1 把万用表打到电阻挡测得 135 点到 137 点正常，136 点到 138 点阻值无穷大断路，恢复模拟故障点 7 开关，故障排除。

☞【故障现象】121—127 点间断路。主轴冲动正常，其他操作失效。

【故障原因】根据故障现象可知故障出在主轴启动和进给控制的公共处线路；开关 QS1、SB5、SB6 的常闭触头接触不良或损坏等。

【排除方法】合上 QS1 把万用表打到电压挡，测 105 点分别到 137 点、132 点、131

点、130 点、129 点、128 点、127 点无电压，到 121 点时电压正常（127V）。断开 QS1 把万用表打到电阻挡再次确认测得 121 点到 127 点断路，恢复模拟故障点 8 开关，故障排除。

☞【故障现象】115—121 点间断路。机床控制电路失效，照明电路正常。

【故障原因】通过故障现象可知故障在控制回路的公共回路断路；热继电器 FR1、FR2 过载保护；熔断器 FU4 熔断等。

【排除方法】合上 QS1 把万用表打到电压挡，测 105 点分别到 104 点、108 点、115 点时电压正常（127V）、到 121 点时无电压。断开 QS1 把万用表打到电阻挡再次确认测得 115 点到 121 点断路，恢复模拟故障点 9 开关，故障排除。

☞【故障现象】125—126 点间断路。主轴启动控制失效。

【故障原因】通过故障现象可知故障在主轴控制回路；接触器 KM1 线圈烧毁；按钮开关 SB1、SB2 触头损坏螺丝松动等。

【排除方法】合上 QS1 把万用表打到电压挡，按下按钮 SB1 或 SB2 测 105 点到 124 点电压正常（127V）。测 104 点分别到 126 点时电压正常，125 点时无电压。断开 QS1 把万用表打到电阻挡再次确认测得 125 点到 126 点断路，恢复模拟故障点 10 开关，故障排除。

☞【故障现象】147—148 点间断路。快速进给控制失效。

【故障原因】通过故障现象可知故障在快速进给控制回路；接触器 KM2 线圈烧毁；按钮开关 SB3、SB4 触头损坏螺丝松动等。

【排除方法】合上 QS1 把万用表打到电压挡，按下按钮 SB3 或 SB4 测 105 点分别到 148 点无电压、到 147 点时电压正常（127V）。断开 QS1 把万用表打到电阻挡再次确认测得 147 点到 148 点断路，恢复模拟故障点 11 开关，故障排除。

☞【故障现象】145—146 点间断路。工作台进给控制失效。

【故障原因】通过故障现象可知故障在进给控制回路，146 点到 152 点、149 点到 166 点某一段线路断路。

【排除方法】合上 QS1 把万用表打到电压挡，启动主轴测 105 点分别到 145 点无电压、到 146 点时电压正常（127V）。断开 QS1 把万用表打到电阻挡测得 145 点到 146 点断路，恢复模拟故障点 12 开关，故障排除。

☞【故障现象】164—165 点间断路。圆工作台、冲动、工作台向下、前、右进给都失效，工作台向上、后、左进给正常。

【故障原因】通过故障现象可知故障在进给控制接触器 KM3 某一段控制回路断路；接触器 KM3 线圈烧毁等。

【排除方法】合上 QS1 把万用表打到电压挡，进给操作手柄打到向下进给（SQ3-1 闭合，SQ3-2 断开）测 105 点分别到 165 点无电压、到 164 点时电压正常（127V）。断开 QS1 把万用表打到电阻挡再次确认测得 164 点到 165 点断路，恢复模拟故障点 13 开关，故障排除。

☞ 【故障现象】180—181 点间断路。圆工作台、冲动、工作台向下、前、右进给正常，工作台向上、后、左进给都失效。

【故障原因】通过故障现象可知故障在进给控制接触器 KM4 某一段控制回路断路；接触器 KM4 线圈烧毁等。

【排除方法】合上 QS1 把万用表打到电压挡，进给操作手柄打到向上进给（SQ4-1 闭合，SQ4-2 断开）测 105 点分别到 181 点无电压、到 180 点时电压正常（127V）。断开 QS1 把万用表打到电阻挡再次确认测得 180 点到 181 点断路，恢复模拟故障点 14 开关，故障排除。

☞ 【故障现象】152—153 点间断路。圆工作台、工作台向左、右进给失效，工作台冲动、下、前、上、后进给正常。

【故障原因】通过故障现象可知，故障在工作台联锁 SQ3、SQ4 常闭触头支路 152 点到 159 点某一段控制回路断路；SQ3、SQ4 常闭触头损坏螺丝松动等。

【排除方法】合上 QS1 把万用表打到电压挡，启动主轴进给操作手柄打到向右进给（SQ5-1 闭合，SQ5-2 断开）测 105 点分别到 152 点时电压正常（127V）、到 153 点时无电压。断开 QS1 进给操作手柄打到向右进给，把万用表打到电阻挡再次确认测得 152 点到 153 点断路，恢复模拟故障点 15 开关，故障排除。

☞ 【故障现象】174—175 点间断路。工作台向上、前、后、下进给、圆工作台、冲动失效，工作台向左、右进给正常。

【故障原因】通过故障现象可知故障在工作台联锁 SQ5、SQ6 常闭触头支路 167 点到 159 点某一段控制回路断路；SQ5、SQ6 常闭触头损坏螺丝松动等。

【排除方法】合上 QS1 把万用表打到电压挡，启动主轴进给操作手柄打到向下进给（SQ3-1 闭合，SQ3-2 断开）测 105 点分别到 167 点、170 点、173 点、174 点时电压正常（127V）、到 175 点时无电压。断开 QS1 进给操作手柄打到向下进给，把万用表打到电阻挡再次确认测得 174 点到 175 点断路，恢复模拟故障点 16 开关，故障排除。

☞ 【故障现象】156—157 点间断路。圆工作台、冲动、工作台向左、右进给失效，工作台向下、前、上、后进给正常。

【故障原因】通过故障现象可知故障在工作台联锁 SQ3、SQ4 常闭触头支路 152 点到 159 点某一段控制回路断路；SQ3、SQ4 常闭触头损坏螺丝松动等。

【排除方法】合上 QS1 把万用表打到电压挡，启动主轴进给操作手柄打到向右进给（SQ5-1 闭合，SQ5-2 断开）测 105 点分别到 152 点 153 点、154 点、155 点、156 点时电压正常（127V）、到 157 点时无电压。断开 QS1 进给操作手柄打到向右进给，把万用表打到电阻挡再次确认测得 156 点到 157 点断路，恢复模拟故障点 17 开关，故障排除。

☞ 【故障现象】170—173 点间断路。工作台向上、前、后、下进给、圆工作台、冲动失效，工作台向左、右进给正常。

【故障原因】通过故障现象可知故障在工作台联锁 SQ5、SQ6 常闭触头支路 167 点到 159 点某一段控制回路断路；SQ5、SQ6 常闭触头损坏螺丝松动等。

【排除方法】合上 QS1 把万用表打到电压挡，启动主轴进给操作手柄打到向下进给（SQ3-1 闭合，SQ3-2 断开）测 105 点分别到 167 点、170 点时电压正常（127V）、到 173 点时无电压。断开 QS1 进给操作手柄打到向下进给，把万用表打到电阻挡再次确认测得 170 点到 173 点断路，恢复模拟故障点 18 开关，故障排除。

☞【故障现象】085—086 点间断路。主轴制动、工作台快速移动失效，主轴、进给控制正常。

【故障原因】熔断器 FU2、FU3 熔断；变压器 T2、桥堆 VC 损毁等。

【排除方法】合上 QS1 把万用表打到电压挡，测 83 点分别到 75 点、76 点、77 点、84 点时电压正常（36V）。把万用表打到直流电压挡，测 78 点分别到 85 点时电压正常（直流 36V 左右）、到 86 点时无电压。断开 QS1 把万用表打到电阻挡再次确认测得 85 点到 86 点断路，恢复模拟故障点 19 开关，故障排除。

☞【故障现象】094—100 点间断路。工作台正常进给失效，快速进给、主轴制动正常。

【故障原因】控制电磁离合器 YC2 的回路断路；电磁离合器 YC2 线圈烧毁；触头螺丝松动等。

【排除方法】断开 QS1 把万用表打到电阻挡测 97 点到 103 点通正常，测 102 点分别到 101 点、100 点通正常、到 94 点时阻值无穷大，确认测得 94 点到 100 点断路，恢复模拟故障点 20 开关，故障排除。

☞【故障现象】089—093 点间断路。主轴换刀时主轴不制动，停车制动正常。

【故障原因】换刀支路控制电磁离合器 YC2 的回路断路；换刀开关 SA1-1 常开触头损坏等。

【排除方法】断开 QS1 把万用表打到电阻挡，测 90 点到 89 点通正常，测 90 点到 93 点时阻值无穷大，确认测得 89 点到 93 点断路，恢复模拟故障点 21 开关，故障排除。

☞【故障现象】119—120 点间断路。控制电路失效，照明电路正常。

【故障原因】通过故障现象可知故障在控制回路的主回路断路；热继电器 FR1、FR2 过载保护；熔断器 FU4 熔断等。

【排除方法】合上 QS1 把万用表打到电压挡，按下按钮 SB1 或 SB2 测 105 点到 124 点电压正常（127V）。测 104 点分别到 116 点、117 点、118 点、119 点时电压正常（127V），到 120 点时无电压。断开 QS1 把万用表打到电阻挡再次确认测得 119 点到 120 点断路，恢复模拟故障点 22 开关，故障排除。

☞【故障现象】166-182 点间断路。圆工作台，冲动，向下、前、右进给正常，工作台向上、后、左进给都失效。

【故障原因】通过故障现象可知故障在进给控制接触器 KM4 某一段控制回路断路；

接触器 KM4 线圈烧毁等。

【排除方法】合上 QS1 把万用表打到电压挡，进给操作手柄打到向上进给（SQ4-1 闭合，SQ4-2 断开）测 105 点到 181 点电压正常（127V）。测 104 点分别到 182 时无电压、到 166 点时电压正常（127V）。断开 QS1 把万用表打到电阻挡再次确认测得 166 点到 182 点断路，恢复模拟故障点 23 开关，故障排除。

☞【故障现象】110—111 点间断路。照明灯不亮，主轴、进给控制正常。

【故障原因】照明回路断路；熔断器 FU5 熔断；开关 SA 损坏；照明灯泡 EL 烧毁等。

【排除方法】断开 QS1 把万用表打到电阻挡，测 106 点分别到 109 点、110 点时通正常、到 111 点时阻值无穷大，测得确认 110 点到 111 点断路，恢复模拟故障点 24 开关，故障排除。

☞【故障现象】070—098 点间断路。控制电路失效，制动正常。

【故障原因】主电路断路缺相；熔断器 FU1 熔断；变压器 TC 损毁等。

【排除方法】用万用表检查熔断器 FU1 熔断是否熔断、变压器 TC 初、次级线圈是否正常。确定上述元件正常后合上 QS1 把万用表打到电压挡，测 98 点分别到 99 点、74 点无电压不正常，测 99 点和 74 点时电压正常（380V），可得 L1 相有问题。断开 QS 把万用表打到电阻挡测得 70 点到 98 点断路，恢复模拟故障点 25 开关，故障排除。

☞【故障现象】066—067 点间断路。进给电机不转，伴有"嗡嗡"声

【故障原因】进给主电路断路缺相；热继电器 FR3 缺相；接触器 KM3、KM4 主触头缺相；电动机 M2 缺相等。

【排除方法】合上 QS1 把万用表打到电压挡，测 62 点到 67 点电压不正常，测 62 点和 72 点时电压正常（380V），测 67 点到 72 点电压不正常，可得 L2 相有问题。断开 QS 把万用表打到电阻挡测得 66 点到 67 点断路，恢复模拟故障点 26 开关，故障排除。

☞【故障现象】045—046 点间断路。冷却泵电机不转，伴有"嗡嗡"声。

【故障原因】冷却泵主电路断路缺相；热继电器 FR2 缺相；开关 QS2 主触头缺相；电动机 M3 缺相等。

【排除方法】合上 QS1 把万用表打到电压挡，测 41 点到 46 点电压不正常，测 41 点和 51 点时电压正常（380V），测 46 点到 51 点电压不正常，可得 L2 相有问题。断开 QS1 把万用表打到电阻挡测得 45 点到 46 点断路，恢复模拟故障点 27 开关，故障排除。

☞【故障现象】121—122 点间短路。一闭合机床电源 QS1 主轴就启动。

【故障原因】开关 SQ1、SB5、SB6 常开触头短路等。

【排除方法】断开 QS 把万用表打到电阻挡，按下按钮 SB5、SB6 时测 121 点到 124 点通，就此可知短路处就是 121 点到 122 点，恢复模拟故障点 28 开关，故障排除。

☞ 【故障现象】133-134 点间短路。一闭合机床电源 QS1 主轴就启动。

【故障原因】开关 SQ1、SB5、SB6 常开触头短路等。

【排除方法】断开 QS1 把万用表打到电阻挡，按下按钮 SB5、SB6 时测 121 点到 124 点不通，就此可知短路处就是 SB1、SB2 常开触头短路。拆下按钮开关 SB2 触头的连线，测 133 点到 134 点还是通短路，恢复模拟故障点 29 开关，故障排除。

☞ 【故障现象】142-147 点间断路。按下 SB3 无快速进给控制。

【故障原因】按钮开关 SB3 触头接触不良、断路等。

【排除方法】断开 QS1 把万用表打到电阻挡，测 142 点到 147 点阻值无穷大，就此可知 142 点到 147 点断路，恢复模拟故障点 30 开关，故障排除。

实训　X62W 万能铣床控制电路故障检修

1. 实训目的

1）理解 X62W 万能铣床控制电路的工作原理。
2）学会 X62W 万能铣床控制电路的故障检修方法。

2. 实训所需器材

1）工具：螺钉旋具、测电笔、斜口钳、剥线钳、电工刀等。
2）仪表：MF47 型万用表、ZC25B-3 型兆欧表。
3）器材：X62W 万能铣床控制电路智能实训考核台。

3. 检修步骤及工艺要求

1）在教师指导下，对 X62W 万能铣床演示电路进行实际操作，了解铣床的各种工作状态及操作手柄的作用。
2）在教师指导下，弄清 X62W 万能铣床电器元件的安装位置、走线情况及操作手柄处于不同位置时，各位置开关的工作状态及运动部件的工作情况。
3）在 X62W 万能铣床智能实训考核台上人为设置故障，由教师示范检修，边分析边检查，直到故障排除。
4）由教师设置让学生知道的故障点，指导学生从故障现象着手进行分析，逐步采用正确的检查步骤和维修方法排除故障。
5）教师设置故障，由学生检修。

4. 实训注意事项

1）检修前要认真阅读 X62W 万能铣床的电路图，熟练掌握各个控制环节的原理及作用。并要求学生认真地观察教师的示范检修方法及思路。

2）检修中的所用工具、仪表应符合使用要求，并能正确地使用，检修时要认真核对导线的线号，以免出现误判。

3）排除故障时，必须修复故障点，但不得采用元件代换法。

4）排除故障时，严禁扩大故障范围或产生新的故障。

5）要求学生用电阻测量法排除故障，以确保安全。

检修 X62W 万能铣床控制电路的方法及思路。

排除 X62W 万能铣床控制智能实训考核台上人为设置的故障。

请对自己完成任务的情况进行评估，并填写下表。

评 分 标 准

项目内容	配分	考核要求	评 分 标 准	扣分
调查研究	5	对每个故障现象进行调查研究	排除故障前不进行调查研究，扣 1 分	
故障分析	40	在电气控制电路上分析故障可能的原因，思路正确	① 错标或未标出故障范围，每个故障点扣 10 分 ② 不能标出最小的故障范围，每个故障点扣 5 分	
故障排除	40	正确使用工具和仪表，找出故障点并排除故障	① 实际排除故障中思路不清楚，每个故障点扣 5 分 ② 每少查出一个故障点，扣 5 分 ③ 每少排除一个故障点，扣 10 分 ④ 排除故障方法不正确，每处扣 10 分	
其他	15	操作有误，要从此项总分扣分	① 排除故障时产生新的故障后不能自行修复，每个扣 20 分； ② 已经修复，每个扣 10 分； ③ 损坏电动机，扣 20 分	
安全文明生产		违反安全、文明生产规程，扣 20~70 分		
定额时间 45min		不允许超时检查		
备注		除定额时间外，各项目的最高扣分不应超过配分数	成绩	
开始时间		结束时间	实际时间	

任务三 镗床控制电路

- 了解 T68 卧式镗床的基本结构及运动形式。
- 掌握 T68 卧式镗床的控制要求及其控制电路的工作原理。
- 了解 T68 卧式镗床控制电路常见的电气故障,掌握其分析与检查方法。

任务教学方式

教学步骤	时间安排	教学方式
阅读教材	课余	自学、查资料、相互讨论
知识讲解	4 课时	重点讲授 T68 型卧式镗床控制电路的工作原理,控制电路常见故障及排除方法
操作技能	8 课时	具体机床的故障维修,采取学生训练和教师指导相结合

知识1 T68卧式镗床控制电路

1. T68 卧式镗床用途

T68 型卧式镗床主要用于钻孔、镗孔、铰孔及加工端平面等。

2. T68 卧式镗床型号意义

3. T68 卧式镗床主要结构及运动形式

T68 卧式镗床结构如图 7-5 所示,主要由床身、前立柱、镗点架、工作台、后立柱和尾架等部分组成。

T68 卧式镗床的电路原理如图 7-6 所示,其运动有如下几种。

主运动:镗轴和花盘的旋转运动。

进给运动:镗轴的轴向运动,花盘刀具溜板的径向运动,工作台的横向运动,工作台的纵向运动和镗点架的垂直运动。

辅助运动:工作台的旋转运动、后立柱的水平移动和尾架的垂直运动及各部分的快速移动。

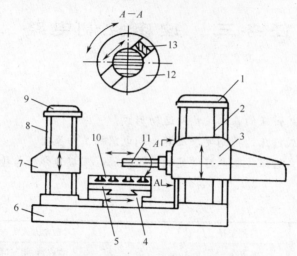

图 7-5　T68 卧式镗床结构图

1—前立柱；2、8—导轨；3—镗头架；4—下溜板；5—上溜板；6—床身；7—尾架；
9—后立柱；10—工作台；11—镗轴；12—花盘；13—刀具溜板

4. T68 卧式镗床电力拖动的特点及控制要求

1）△-YY 双速笼型异步电动机作为主拖动电机。

2）进给运动和主轴及花盘旋转用同一台电动机拖动，主轴电动机能正反向点动，并有准确的制动。

3）主轴电动机低速时直接启动，高速时先低速启动，延时后转为高速运转。

4）主轴变速和进给变速设低速冲动环节。

5）各运动部件能实现快速移动。

6）工作台或镗点架的自动进给与主轴或花盘刀架的自动进给设有联锁。

5. T68 卧式镗床电气控制电路分析

（1）主电路分析

主电路中有两台电动机，M1 为主轴与进给电动机，是一台 4/2 极的双速电动机，绕组接法为△-YY。M2 为快速移动电动机。

电动机 M1 由 5 只接触器控制，KM1 和 KM2 控制 M1 的正反转，KM4 控制 M1 的低速运转，KM5 控制 M1 的高速运转，FR 对 M1 进行过载保护。

电动机 M2 由 KM6、KM7 控制其正反转，实现快进和快退。因短时运行，不需过载保护。

（2）控制电路分析

1）主轴电动机的正、反向启动控制。

① 低速启动控制。控制过程如下：

SB2（或 SB3）→ KA1（或 KA2）→ KM3 → KM1（或 KM2）→ KM4 → M1 低速起动。

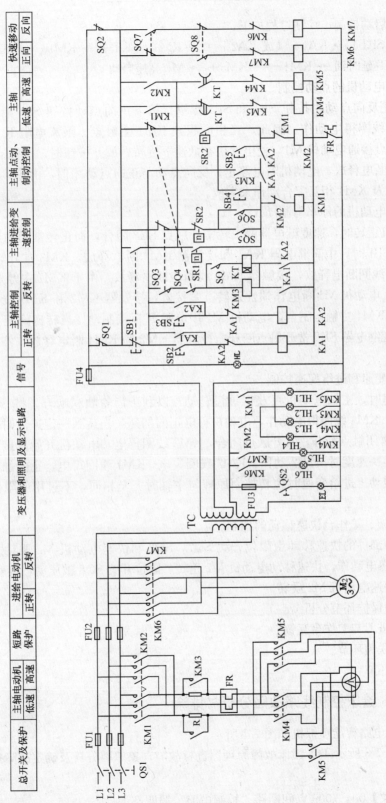

图7-6 T68镗床原理图

② 高速启动控制。控制过程如下：

SB2（或 SB3）→ KA1+（或 KA2+）→ KM3 + KT+ → KM1+（或KM2+）→ KM4+ → KT 延时到 → KM4- → KM5+ → M1 高速启动

2）主轴电动机的点动控制。

主轴的正反向点动由按钮 SB4 和 SB5 操纵。按下正向点动按钮 SB4 后，接触器 KM1、KM4 线圈得电动作。因此，三相电源经 KM1 主触点、限流电阻 R 和接触器 KM4 的主触点接通电动机 M1，使电动机在低速下旋转。放开按钮时，接触器 KM1 和 KM4 都相继断电释放，电动机断电停止。反向点动与正向点动相似，由 SB5 操纵，经接触器 KM2 及 KM4 相互配合动作来完成。

3）主轴电动机的停车与制动。

当电动机正转时，速度继电器的正转常开触点 SR2 闭合，而正转常闭触点 SR2 断开，当按下 SB1 时，中间继电器 KA1 和接触器 KM3 断电释放，KM3 常开触点断开，接触器 KM1 线圈断电释放，接触器 KM4 线圈也断电释放，由于 KM1 主触点和 KM4 主触点断开，电动机 M1 断电作惯性运转。紧接着，接触器 KM2 和 KM4 线圈获电吸合，KM2 和 KM4 主触点闭合，电动机 M1 串电阻 R 反接制动。当转速降至 120r/min 以下时，速度继电器 SR2 常开触点断开，接触器 KM2 和 KM4 断电释放，停车反接制动结束。

4）主轴变速和进给变速控制。

主轴变速时，主轴电动机可获得缓慢转动，以利于齿轮顺利啮合。将 SQ3、SQ5 闭合，KM1、KM4 线圈得电动作，电动机得电正向加速，当达到一定速度时，速度继电器 SR2 的常闭触点断开，常开触点闭合，KM2 线圈得电，电动机开始反接制动，当电动机低于某一速度时，SR2 动作，KM2 线圈失电，KM1 线圈得电，正向加速，如此反复，实现缓动。进给变速时缓转控制原理与主轴时完全相同，不过用的限位开关是 SQ4、SQ6。

5）镗点架、工作台快速移动的控制。

机床的各部件的快速移动由限位开关 SQ7、SQ8 和快速电动机 M2 驱动。SQ7 被压动，KM7 得电动作，快速移动电动机 M2 正转、限位开关 SQ8 被压动，接触器 KM6 得电动作，快速电动机 M2 反转。

（3）联锁保护环节分析

1）主轴进刀与工作台互锁。

2）其他联锁环节。

3）保护环节。

知识 2　T68 镗床控制线路故障分析与排除

T68 镗床电路智能模拟机如图 7-7 所示。

根据如图 7-8 所示 T68 镗床故障原理图进行故障现象原因分析及确定故障排除方法如下。

☞【故障现象】004—009 点间断路。控制电路、照明都失效。

【故障原因】主电路断路缺相；熔断器 FU1、FU2 熔断；变压器 TC 损毁等。

【排除方法】用万用表检查熔断器 FU1、FU2 熔断是否熔断、变压器 TC 初、次级线圈是否正常。确定上述元件正常后合上 QS1 把万用表打到电压挡，测 81 点分别到 82 点时电压不正常，到 80 点时电压正常（380V），可得 L2 相有问题。断开 QS1 把万用表打到电阻挡测得 4 点到 5 点断路，恢复模拟故障点 1 开关，故障排除。

☞【故障现象】015—033 点间断路。全部电机不转，伴有"嗡嗡"声。

【故障原因】主电路断路缺相；熔断器 FU1 熔断等。

【排除方法】用万用表检查熔断器 FU1 是否熔断。确定上述元件正常后合上 QS1 把万用表打到电压挡，测 58 点分别到 59 点时电压正常（380V），到 60 点时电压不正常，可得 L3 相有问题。断开 QS1 把万用表打到电阻挡测得 15 点到 33 点断路，恢复模拟故障点 2 开关，故障排除。

图 7-7　T68 镗床电路智能模拟机

☞【故障现象】034—047 点间断路。主轴电机反转不转，伴有"嗡嗡"声。

【故障原因】主轴反转主电路断路缺相；接触器 KM2 主触头损坏、触头螺丝松动等。

【排除方法】合上 QS1 把万用表打到电压挡，启动主轴反转测 19 点分别到 27 点时电压正常（380V），到 34 点时电压不正常，可得 L1 相有问题。断开 QS1 把万用表打到电阻挡测得 34 点到 47 点断路，恢复模拟故障点 3 开关，故障排除。

☞【故障现象】029—030 点间断路。主轴电机正、反转都不转，伴有"嗡嗡"声。

【故障原因】主轴主电路断路缺相；热继电器 FR 缺相；接触器 KM1、KM2、KM3、KM4 主触头损坏、触头螺丝松动；主轴电动机 M1 缺相等。

【排除方法】合上 QS1 把万用表打到电压挡，启动主轴测 24 点分别到 30 点时电压不正常，到 39 点时电压正常（380V），可得 L2 相有问题。再测 23 点分别到 29 点、38 点电压都正常（380V）。断开 QS1 把万用表打到电阻挡确认测得 29 点到 30 点断路，恢复模拟故障点 4 开关，故障排除。

☞【故障现象】069—074 点间断路。进给电机正转不转，伴有"嗡嗡"声。

【故障原因】进给主电路断路缺相；接触器 KM6 主触头损坏、触头螺丝松动等。

【排除方法】合上 QS1 把万用表打到电压挡，启动进给正转测 72 点分别到 74 点时电压不正常、到 77 点时电压正常（380V），可得 L2 相有问题。再测 67 点分别到

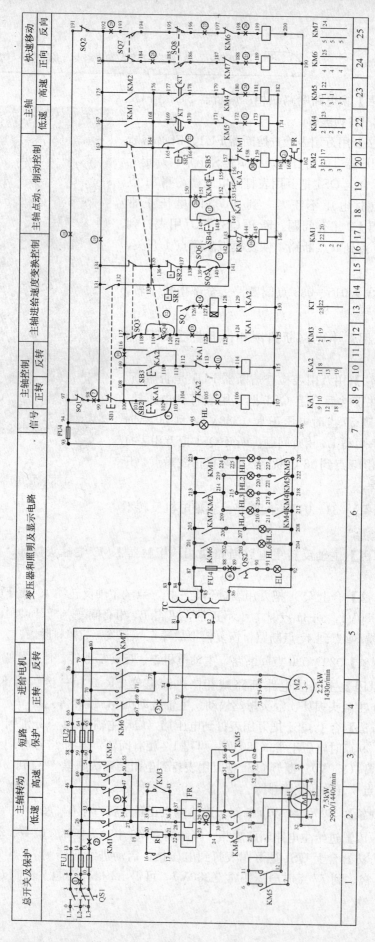

图7-8 T68镗床故障原理图

69 点、71 点电压都正常（380V）。断开 QS1 把万用表打到电阻挡确认测得 69 点到 74 点断路，恢复模拟故障点 5 开关，故障排除。

☞【故障现象】088—089 点间断路。照明灯不亮，主轴、进给控制正常。

【故障原因】照明回路断路；熔断器 FU4 熔断；开关 QS2 损坏；照明灯泡 EL 烧毁等。

【排除方法】断开 QS1 把万用表打到电阻挡，测 85 点分别到 87 点、88 点时通正常、到 89 点时阻值无穷大，确认测得 88 点到 89 点断路，恢复模拟故障点 6 开关，故障排除。

☞【故障现象】098—099 点间断路。工作台进给开关 SQ2 扳到进给时，控制电路失效。

【故障原因】主轴箱进给支路断路；行程开关 SQ1 损坏、触头螺丝松动等。

【排除方法】断开 QS1 把万用表打到电阻挡，工作台进给开关 SQ2 扳到进给测 94 点分别到 97 点、98 点时通正常、到 99 点时阻值无穷大，确认测得 98 点到 99 点断路，恢复模拟故障点 7 开关，故障排除。

☞【故障现象】101—102 点间短路。一开电源，主轴电机正转就启动。

【故障原因】开关 SB2 常开触头短路；中间继电器 KA1 自锁触头损坏等。

【排除方法】断开 QS1 把万用表打到电阻挡，拆下中间继电器 KA1 自锁触头的连线，测 101 点到 102 点还是通短路，恢复模拟故障点 8 开关，故障排除。

☞【故障现象】105—106 点间断路。主轴正转启动失效。

【故障原因】主轴正转启动线路断路；中间继电器 KA2 的联锁触头损坏；中间继电器 KA1 的线圈烧毁；按钮开关 SB2 损坏、触头螺丝松动等。

【排除方法】合上 QS1 把万用表打到电压挡，按下按钮 SB2 测 84 点分别到 100 点、101 点、102 点、103 点、104 点、105 点时电压正常（127V）、到 106 点时无电压不正常。断开 QS1 把万用表打到电阻挡再次确认测得 105 点到 106 点断路，恢复模拟故障点 9 开关，故障排除。

☞【故障现象】109—116 点间断路。中间继电器能动作，主轴正转启动失效，反转只能点动起动。

【故障原因】主轴启动线路断路等。

【排除方法】合上 QS1 把万用表打到电压挡，按下按钮 SB2 启动中间继电器 KA1 测 84 点分别到 100 点、108 点、109 点时电压正常（127V）、到 116 点时无电压不正常。断开 QS1 把万用表打到电阻挡再次确认测得 109 点到 116 点断路，恢复模拟故障点 10 开关，故障排除。

☞【故障现象】113—114 点间断路。主轴反转启动失效。

【故障原因】主轴反转启动线路断路；中间继电器 KA1 的联锁触头损坏；中间继电器 KA2 的线圈烧毁；按钮开关 SB3 损坏、触头螺丝松动等。

【排除方法】合上 QS1 把万用表打到电压挡，按下按钮 SB3 测 84 点分别到 109 点、

110 点、111 点、112 点、113 点时电压正常（127V）、到 114 点时无电压不正常。断开 QS1 把万用表打到电阻挡再次确认测得 113 点到 114 点断路，恢复模拟故障点 11 开关，故障排除。

☞【故障现象】119-120 点间短路。SQ4 变速时，主轴依然正常运行。

【故障原因】行程开关 SQ4 损坏短路等。

【排除方法】断开 QS1 把万用表打到电阻挡，进给变速操作手柄打到变速状态（压下 SQ4）测 119 点到 120 点还是通短路，恢复模拟故障点 12 开关，故障排除。

☞【故障现象】121-122 点间断路。主轴启动失效，但中间继电器 KA1、KA2 能动作，接触器 KM1（或 KM2）、KM3、KM4 不能动作。

【故障原因】因主轴启动是顺序控制先 KM3 动作后 KM1（或 KM2）、KM4 才能动作，可知 KM3 控制线断路；行程开关 SQ3、SQ4 损坏；中间继电器 KA1、KA2 控制 KM3 的辅助触头损坏；接触器 KM3 的线圈烧毁等。

【排除方法】合上 QS1 把万用表打到电压挡，按下按钮 SB2 启动 KA1 测 84 点分别到 117 点、118 点、119 点、120 点、121 点时电压正常（127V），到 122 点时无电压不正常。断开 QS1 把万用表打到电阻挡再次确认测得 121 点到 122 点断路，恢复模拟故障点 13 开关，故障排除。

☞【故障现象】126—127 点间断路。主轴高速控制失效，时间继电器 KT 不动作。

【故障原因】控制时间继电器 KT 的线路断路；时间继电器 KT 的线圈烧毁；行程开关 SQ 损坏、触头螺丝松动等。

【排除方法】断开 QS1 把万用表打到电阻挡，测 120 点分别到 121 点、126 点时通正常、到 127 点时阻值无穷大，确认测得 126 点到 127 点断路，恢复模拟故障点 14 开关，故障排除。

☞【故障现象】139—140 点间短路。变速时，冲动就启动。

【故障原因】冲动行程开关 SQ5 损坏、短路等。

【排除方法】断开 QS1 把万用表打到电阻挡，拆下行程开关 SQ6 触头的连线，测 139 点到 140 点还是通短路，恢复模拟故障点 15 开关，故障排除。

☞【故障现象】144—145 点间断路。主轴正转启动失效，接触器 KM1、KM4 不动作。

【故障原因】控制接触器 KM1 的线路断路；触器 KM1 的线圈烧毁；控制 KM1 动作的 KA1、KM3 相关联辅助触头损坏；KM2 联锁的常闭触头损坏等。

【排除方法】合上 QS1 把万用表打到电压挡，按下按钮 SB2 启动 KA1 测 84 点分别到 152 点、153 点、149 点、143 点、144 点时电压正常（127V）、到 145 点时无电压不正常。断开 QS1 把万用表打到电阻挡再次确认测得 144 点到 145 点断路，恢复模拟故障点 16 开关，故障排除。

☞【故障现象】147—148 点间短路。一开电源主轴正转就启动，但 KA1、KM3 不动作。

【故障原因】按钮开关 SB4 损坏、短路等。

【排除方法】断开 QS1 把万用表打到电阻挡，测 147 点到 148 点通短路，恢复模拟故障点 17 开关，故障排除。

☞【故障现象】097—191 点间断路。主轴箱进给开关 SQ1 扳到进给时控制电路失效。

【故障原因】工作台进给支路断路；行程开关 SQ2 损坏、触头螺丝松动等。

【排除方法】断开 QS1 把万用表打到电阻挡，主轴箱进给开关 SQ2 扳到进给测 94 点分别到 97 点时通正常、到 191 点时阻值无穷大，确认测得 97 点到 191 点断路，恢复模拟故障点 18 开关，故障排除。

☞【故障现象】134—163 点间断路。主轴箱进给开关 SQ1 扳到进给时主轴控制失效，工作台快速移动正常。工作台进给开关 SQ2 扳到进给时主轴控制接触 KM4（KM5）不动作，工作台快速移动失效。

【故障原因】根据故障现象可知故障出在 99 点到 192 点这条线路上断路等。

【排除方法】合上 QS1 把万用表打到电压挡，工作台进给开关 SQ2 扳到进给测 84 点分别到 99 点、131 点、134 点时电压正常（127V）、到 163 点时无电压不正常。断开 QS1 把万用表打到电阻挡再次确认测得 134 点到 163 点断路，恢复模拟故障点 19 开关，故障排除。

☞【故障现象】150—151 点间断路。主轴能点动，自锁启动失效。

【故障原因】主轴正反转 THD 自锁控制公共线路处断路；触器 KM1、KM2 的线圈烧毁；控制 KM1、KM2 动作的 KA1、KA2、KM3 相关联辅助触头损坏；KM1、KM2 联锁的常闭触头损坏等。

【排除方法】合上 QS1 把万用表打到电压挡，按下按钮 SB2（或 SB3）启动 KA1（或 KA2）测 84 点分别到 150 点时电压正常（127V）、到 151 点时无电压不正常。断开 QS1 把万用表打到电阻挡再次确认测得 150 点到 151 点断路，恢复模拟故障点 20 开关，故障排除。

☞【故障现象】160—161 点间断路。主轴控制失效，工作台快速移动正常。

【故障原因】通过故障现象可知故障在主轴控制的公共回路断路；热继电器 FR1 过载保护等。

【排除方法】合上 QS1 把万用表打到电压挡，测 83 点分别到 162 点、161 点时电压正常（127V）、到 160 点时无电压不正常。断开 QS1 把万用表打到电阻挡再次确认测得 160 点到 161 点断路，恢复模拟故障点 21 开关，故障排除。

☞【故障现象】165—166 点间短路。一按停止按钮 SB1 主轴就反转。

【故障原因】通过故障现象可知故障在主轴反转 KM2 控制回路 165 点到 159 点之间有短路；速度继电器 SR2 常开触头损坏短路等。

【排除方法】断开 QS1 把万用表打到电阻挡，测 165 点到 166 点通短路，恢复模拟故障点 22 开关，故障排除。

☞【故障现象】172—173 点间断路。主轴低速不能运行，接触器 KM4 不动作。

【故障原因】控制接触器 KM4 动作的线路断路；时间继电器 KT 延时常闭触头损坏；接触器 KM5 的联锁触头损坏；接触器 KM4 的线圈烧毁等。

【排除方法】合上 QS1 把万用表打到电压挡，启动主轴测 84 点分别到 169 点、170 点、171 点、172 点时电压正常（127V）、到 173 点时无电压不正常。断开 QS1 把万用表打到电阻挡再次确认测得 172 点到 173 点断路，恢复模拟故障点 23 开关，故障排除。

☞【故障现象】180—181 点间断路。主轴高速不能运行，接触器 KM5 不动作。

【故障原因】控制接触器 KM5 动作的线路断路；时间继电器 KT 延时常开触头损坏；接触器 KM4 的联锁触头损坏；接触器 KM5 的线圈烧毁等。

【排除方法】合上 QS1 把万用表打到电压挡，打到高速状态启动主轴测 84 点分别到 177 点、178 点、179 点、180 点时电压正常（127V），到 181 点时无电压不正常。断开 QS1 把万用表打到电阻挡再次确认测得 180 点到 181 点断路，恢复模拟故障点 24 开关，故障排除。

☞【故障现象】188—189 点间断路。快速移动电机正向不能启动。

【故障原因】控制接触器 KM6 的线路断路；行程开关 SQ7、SQ8 损坏；接触器 KM7 的联锁触头损坏；接触器 KM6 的线圈烧毁等。

【排除方法】合上 QS1 把万用表打到电压挡，把开关 SQ8 打到正转测 84 点分别到 183 点、184 点、185 点、186 点、187 点、188 点时电压正常（127V），到 189 点时无电压不正常。断开 QS1 把万用表打到电阻挡再次确认测得 188 点到 189 点断路，恢复模拟故障 25 开关，故障排除。

☞【故障现象】198—199 点间断路。快速移动电机反向不能启动。

【故障原因】控制接触器 KM7 动作的线路断路；行程开关 SQ7、SQ8 损坏；接触器 KM6 的联锁触头损坏；接触器 KM7 的线圈烧毁等。

【排除方法】合上 QS1 把万用表打到电压挡，把开关 SQ7 打到反转测 84 点分别到 193 点、194 点、195 点、196 点、197 点、198 点时电压正常（127V），到 199 点时无电压不正常。断开 QS1 把万用表打到电阻挡再次确认测得 198 点到 199 点断路，恢复模拟故障 26 开关，故障排除。

☞【故障现象】196—197 点间断路。快速移动电机反向不能启动。

【故障原因】控制接触器 KM7 动作的线路断路；行程开关 SQ7、SQ8 损坏；接触器 KM6 的联锁触头损坏；接触器 KM7 的线圈烧毁等。

【排除方法】合上 QS1 把万用表打到电压挡，把开关 SQ7 打到反转测 84 点分别到 193 点、194 点、195 点、196 点时电压正常（127V），到 197 点时无电压不正常。断开 QS1 把万用表打到电阻挡再次确认测得 196 点到 197 点断路，恢复模拟故障 27 开关，故障排除。

☞【故障现象】184—185 点间断路。快速移动电机正向不能启动。

【故障原因】控制接触器 KM6 动作的线路断路；行程开关 SQ7、SQ8 损坏；接触器 KM7 的联锁触头损坏；接触器 KM6 的线圈烧毁等。

【排除方法】合上 QS1 把万用表打到电压挡，把开关 SQ8 打到正转测 84 点分别到
183 点、184 点时电压正常（127V）、到 185 点时无电压不正常。断开 QS1 把万用表打
到电阻挡再次确认测得 184 点到 185 点断路，恢复模拟故障 28 开关，故障排除。

☞【故障现象】192—193 点间断路。快速移动电机不能反向启动。

【故障原因】控制接触器 KM7 动作的线路断路；行程开关 SQ7、SQ8 损坏；接触
器 KM6 的联锁触头损坏；接触器 KM7 的线圈烧毁等。

【排除方法】合上 QS1 把万用表打到电压挡，把开关 SQ7 打到反转测 84 点分别到
192 点时电压正常（127V）、到 193 点时无电压不正常。断开 QS1 把万用表打到电阻挡
再次确认测得 192 点到 193 点断路，恢复模拟故障 29 开关，故障排除。

☞【故障现象】158—159 点间断路。主轴反转启动失效，接触器 KM2、KM4 不动作。

【故障原因】控制接触器 KM2 的线路断路；触器 KM2 的线圈烧毁；控制 KM2 动
作的 KA2、KM3 相关联辅助触头损坏；KM1 联锁的常闭触头损坏等。

【排除方法】合上 QS1 把万用表打到电压挡，按下按钮 SB3 启动 KA2 测 84 点分别
到 152 点、153 点、154 点、156 点、157 点、158 点时电压正常（127V）、到 159 点时
无电压不正常。断开 QS1 把万用表打到电阻挡再次确认测得 158 点到 159 点断路，恢
复模拟故障点 30 开关，故障排除。

实训　T68 镗床控制电路故障检修

1. 实训目的

1）理解 T68 镗床控制电路工作原理。
2）学会 T68 镗床控制电路的故障检修方法。

2. 实训所需器材

1）工具：螺钉旋具、测电笔、斜口钳、剥线钳、电工刀等。
2）仪表：MF47 型万用表、ZC25B-3 型兆欧表。
3）器材：T68 镗床控制电路智能实训考核台。

3. 检修步骤及工艺要求

1）在教师指导下，在 T68 镗床智能实训考核台上进行实际操作，了解镗床的各种
工作状态、各运动部件的运动形式及各操作手柄的作用。

2）在教师指导下，弄清 T68 镗床控制电路电器元件的安装位置、走线情况及操作
手柄处于不同位置时，各位置开关的工作状态。

3）在 T68 镗床智能实训考核台上人为设置故障，由教师示范检修，边分析边检

查，直到故障排除。

4）由教师设置让学生知道的故障点，指导学生如何从故障现象着手进行分析，逐步引导到采用正确的检查步骤和维修方法排除故障。

5）教师设置人为的故障，由学生检修。

4. 实训注意事项

1）检修前要认真阅读 T68 镗床的电路图，弄清有关电器元件的位置、作用及各位置开关的工作状态。并要求学生认真地观察教师的示范检修方法及思路。

2）工具、仪表的使用要正确，检修时要认真核对导线的线号，以免出现误判。

3）排除故障时，必须修复故障点，但不得采用元件代换法。

4）排除故障时，严禁扩大故障范围或产生新的故障。

5）要求学生用电阻测量法排除故障，以确保安全。

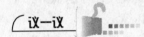

检修 T68 镗床控制电路的方法及思路？

排除 T68 镗床控制智能实训考核台上人为设置的故障。

请对自己完成任务的情况进行评估，并填写下表。

评 分 标 准

项目内容	配分	考核要求	评 分 标 准	扣分
调查研究	5	对每个故障现象进行调查研究	排除故障前不进行调查研究，扣 1 分	
故障分析	40	在电气控制电路上分析故障可能的原因，思路正确	① 错标或标不出故障范围，每个故障点扣 10 分 ② 不能标出最小的故障范围，每个故障点扣 5 分	
故障排除	40	正确使用工具和仪表，找出故障点并排除故障	① 实际排除故障中思路不清楚，每个故障点扣 5 分 ② 每少查出一次故障点，扣 5 分 ③ 每少排除一个故障点，扣 10 分 ④ 排除故障方法不正确，每处扣 10 分	
其他	15	操作有误，要从此项总分扣分	① 排除故障时产生新的故障后不能自行修复，每个扣 20 分 ② 已经修复，每个扣 10 分 ③ 损坏电动机，扣 20 分	

续表

项目内容	配分	考核要求	评分标准		扣分
安全文明生产		违反安全、文明生产规程,扣 20～70 分			
定额时间 45min		不允许超时检查			
备注		除定额时间外,各项目的最高扣分不应超过配分数		成绩	
开始时间		结束时间		实际时间	

任务四　平面磨床控制电路

任务目标

- 了解 M7120 型平面磨床的基本结构及运动形式。
- 掌握 M7120 型平面磨床的控制要求及其控制电路的工作原理。
- 了解 M7120 型平面磨床控制电路常见的电气故障,掌握其分析与检查方法。

任务教学方式

教学步骤	时间安排	教学方式
阅读教材	课余	自学、查资料、相互讨论
知识讲解	4 课时	重点讲授平面磨床控制电路的纵向操作手柄和横向与垂直操纵手柄的功能,控制电路常见故障及排除方法
操作技能	8 课时	具体机床的故障维修,采取学生训练和教师指导相结合

知识1　M7120平面磨床控制电路

1. M7120 平面磨床用途

M7120 平面磨床用于砂轮的周边或端面对工件的表面进行机械加工。

2. M7120 平面磨床型号的意义

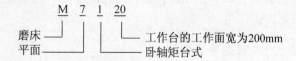

3. M7120 平面磨床的主要结构及运动形式

M7120 平面磨床的结构如图 7-9 所示,它由床身、工作台、电磁吸盘、砂轮箱、滑座、立柱、撞块等部分组成。

砂轮的旋转是主运动。辅助运动为砂轮架的上下移动，砂轮架的横向（前后）进给和工作台的纵向（左右）进给。

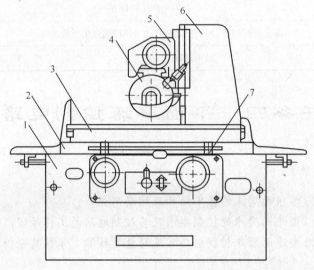

图 7-9　M7120 平面磨床的结构图

1—床身；2—工作台；3—电磁吸盘；4—砂轮箱；5—滑座；6—立柱；7—撞块

4.M7120 平面磨床电力拖动特点及控制要求

（1）砂轮的旋转运动

砂轮电动机 M2 是主运动电动机直接带动砂轮旋转，对工件进行磨削加工。

（2）砂轮架的升降运动

砂轮升降电动机使拖板（磨点安装在拖板上）沿立柱导轨上下移动，用以调整砂轮位置。

（3）工作台和砂轮的往复运动

是靠液压泵电动机进行液压传动，液压传动较平稳，能实现无级调速，换向时惯性小，换向平稳。

（4）冷却液的供给

冷却泵电动机带动冷却泵供给砂轮和工件冷却液，同时利用冷却液带走磨下的铁屑。

（5）电磁吸盘控制

将工件吸附在电磁吸盘上；要有充磁和去磁的控制环节。为保证安全，电路中装有欠电压继电器，起失磁保护作用。

5.M7120 平面磨床电气控制电路分析

该电路由主电路、控制电路、电磁吸盘控制电路和辅助电路四部分组成。M7120 平面磨床的原理如图 7-10 所示。

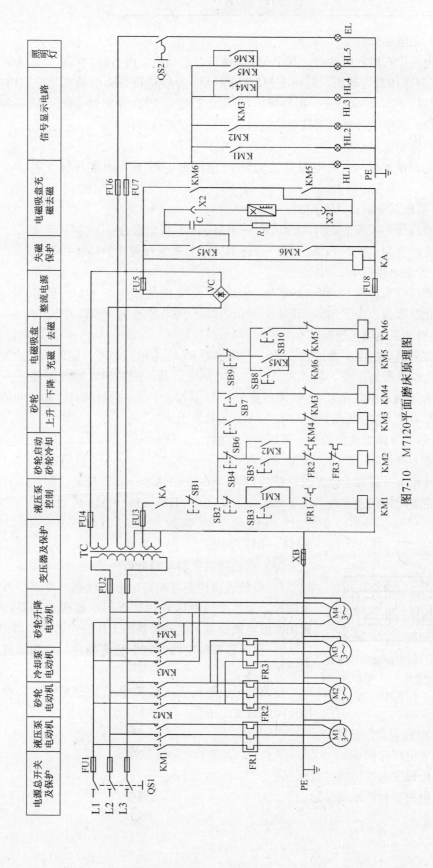

图7-10 M7120平面磨床原理图

(1) 主电路分析

主电路中有四台电动机。其中 M1 为液压泵电动机，由 KM1 控制。M2 为砂轮电动机，M3 为冷却泵电动机，同由 KM2 控制。M4 为砂轮箱升降电动机，分别由 KM3、KM4 控制。FU1 对电路进行短路保护，FR1、FR2、FR3 分别对 M1、M2、M3 进行过载保护。因砂轮升降电动机短时运行，所以不设置过载保护。

(2) 控制电路分析

当电源正常时，合上电源开关 QS1，电压继电器 KV 的常开触点闭合，可进行操作。

1) 液压泵电动机 M1 控制。

启动过程为：按下 SB3，SB3 + → KM1 +（得电吸合）→ M1 起动。

停止过程为：按下 SB2，SB2 + → KM1-（失电释放）→ M1 停转。

2) 砂轮电动机 M2 的控制。

启动过程为：按下 SB5，SB5 + → KM2 +（得电吸合）→ M2 起动。

停止过程为：按下 SB4，SB4 + → KM2-（失电释放）→ M2 停转。

3) 冷却泵电动机控制。

冷却泵电动机由于通过插座 XS2 与接触器 KM2 主触点相连，因此 M3 是与砂轮电动机 M2 联动控制，按下 SB5 时 M3 与 M2 同时启动，按下 SB4 时同时停止。FR2 与 FR3 的常闭触点串联在 KM2 线圈回路中，M2、M3 中任一台过载时，相应的热继电器动作，都将使 KM2 线圈失电，M2、M3 同时停止。

4) 砂轮升降电动机控制。采用点动控制。

砂轮上升控制过程为：按下 SB6，SB6 + → KM3 + → M4 启动正转。

当砂轮上升到预定位置时，松开 SB6，SB6→ KM3→ M4 停转。

砂轮下降控制过程为：按下 SB7，SB7 + → KM4 + → M4 启动反转。

当砂轮下降到预定位置时，松开 SB7，SB7→ KM4→M4 停转。

(3) 电磁吸盘控制电路分析

1) 电磁吸盘构造及原理。电磁吸盘外形有长方形和圆形两种。矩形平面磨床采用长方形电磁吸盘，圆台平面磨床用圆形电磁吸盘。电磁吸盘的工作原理如图 7-11 所示。

2) 磁吸盘控制电路。它由整流装置、控制装置及保护装置等组成。

整流部分由整流变压器 T 和桥式整流器 VC 组成，输出 110V 直流电压。

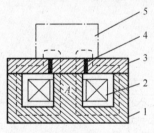

图 7-11　电磁吸盘工作原理
1—钢制吸盘体；2—线圈；3—钢制盖板；4—隔磁层；5—工件

3) 电磁吸盘保护环节。

① 欠电压保护。

② 电磁吸盘线圈的过电压保护。

③ 电磁吸盘的短路保护。

知识 2　M7120 平面磨床控制线路故障分析与排除

M7120 平面磨床智能模拟机如图 7-12 所示。

根据如图 7-13 所示 M7120 平面磨床故障原理图进行故障原因分析及确定故障排除方法如下。

☞【故障现象】007—010 点间断路。所有电机全部都不转，伴有"嗡嗡"声。

【故障原因】主电路公共线路断路缺相；熔断器 FU1 熔断等。

【排除方法】合上 QS1 把万用表打到电压挡，测 10 点分别到 15 点、20 点时电压不正常，测 15 点到 20 点时电压正常（380V），可得 L1 相有问题。断开 QS1 把万用表打到电阻挡确认测得 7 点到 10 点断路，恢复模拟故障点 1 开关，故障排除。

☞【故障现象】016—017 点间断路。液压泵电动机不转，伴有"嗡嗡"声。

【故障原因】液压泵电动机主电路断路缺相；热继电器 FR1 缺相；接触器 KM1 主触头损坏、触头螺丝松动；液压泵电动机 M1 缺相等。

【排除方法】合上 QS1 把万用表打到电压挡，起动液压泵测 14 点分别到 19 点时电压不正常、到 24 点时电压正常（380V），再测 19 点分别到 24 点时电压不正常，可得 L2 相有问题。再测 11 点分别到 16 点、21 点

图 7-12　M7120 平面磨床
智能模拟机

电压都正常（380V）。断开 QS1 把万用表打到电阻挡确认测得 16 点到 17 点断路，恢复模拟故障点 2 开关，故障排除。

☞【故障现象】023—024 点间断路。液压泵电动机不转，伴有"嗡嗡"声。

【故障原因】液压泵电动机主电路断路缺相；热继电器 FR1 缺相；接触器 KM1 主触头损坏、触头螺丝松动；液压泵电动机 M1 缺相等。

【排除方法】合上 QS1 把万用表打到电压挡，起动液压泵测 14 点分别到 19 点时电压正常（380V）、到 24 点时电压不正常，再测 19 点分别到 24 点时电压不正常，可得 L3 相有问题。再测 13 点分别到 18 点、23 点电压都正常（380V）。断开 QS1 把万用表打到电阻挡确认测得 23 点到 24 点断路，恢复模拟故障点 3 开关，故障排除。

☞【故障现象】061—068 点间断路。控制回路、照明灯都失效。

【故障原因】主电路断路缺相；熔断器 FU1、FU2 熔断；变压器 TC 损毁等。

【排除方法】用万用表检查熔断器 FU1、FU2 熔断是否熔断、变压器 TC 初、次级线圈是否正常。确定上述元件正常后合上 QS1 把万用表打到电压挡，测 58 点分别到 73 点时电压不正常、到 74 点时电压正常（380V），可得 L2 相有问题。断开 QS1 把万用表

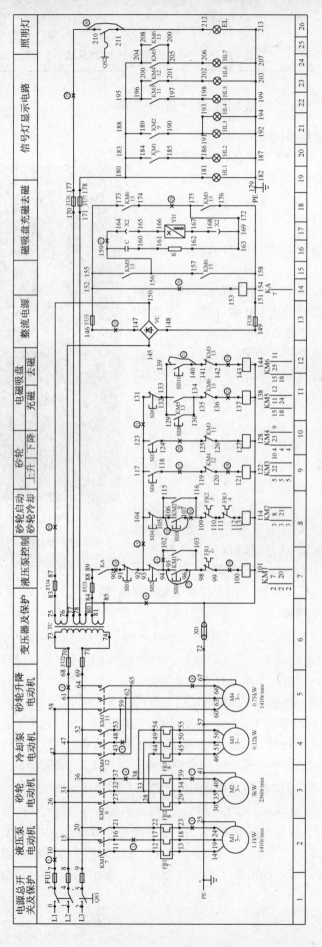

图7-13 M7120平面磨床故障原理图

打到电阻挡测得 61 点到 68 点断路,恢复模拟故障点 4 开关,故障排除。

☞ 【故障现象】048—062 点间断路。砂轮升降电动机下降时不转,伴有"嗡嗡"声。

【故障原因】砂轮升降主电路断路缺相;接触器 KM4 主触头损坏、触头螺丝松动等。

【排除方法】合上 QS1 把万用表打到电压挡,启动砂轮下降测 59 点分别到 62 点时电压不正常、到 65 点时电压正常(380V),可得 L2 相有问题。再测 43 点分别到 48 点、53 点电压都正常(380V)。断开 QS1 把万用表打到电阻挡确认测得 48 点到 62 点断路,恢复模拟故障点 5 开关,故障排除。

☞ 【故障现象】037—038 点间断路。砂轮电动机、冷却泵电动机均不转,伴有"嗡嗡"声。

【故障原因】砂轮、冷却泵主电路断路缺相;热继电器 FR2、FR3 缺相;接触器 KM2 主触头损坏、触头螺丝松动;电动机 M2、M3 缺相等。

【排除方法】合上 QS1 把万用表打到电压挡,启动砂轮电机测 28 点分别到 33 点时电压正常(380V)、到 38 点时电压不正常,可得 L3 相有问题。再测 27 点分别到 32 点、37 点电压都正常(380V)。断开 QS1 把万用表打到电阻挡确认测得 37 点到 38 点断路,恢复模拟故障点 6 开关,故障排除。

☞ 【故障现象】039—040 点间断路。砂轮电动机不转,伴有"嗡嗡"声。

【故障原因】砂轮主电路断路缺相;热继电器 FR2 缺相;电动机 M2 缺相等。

【排除方法】合上 QS1 把万用表打到电压挡,启动砂轮电机测 30 点分别到 35 点时电压正常(380V)、到 40 点时电压不正常,可得 L3 相有问题。再测 29 点分别到 34 点、39 点电压都正常(380V)。断开 QS1 把万用表打到电阻挡确认测得 39 点到 40 点断路,恢复模拟故障点 7 开关,故障排除。

☞ 【故障现象】065—066 点间断路。砂轮升降电动机不转,伴有"嗡嗡"声。

【故障原因】砂轮升降主电路断路缺相;接触器 KM3、KM4 主触头损坏、触头螺丝松动;电动机 M4 缺相等。

【排除方法】合上 QS1 把万用表打到电压挡,启动砂轮升降电机测 60 点分别到 63 点时电压正常(380V)、到 66 点时电压不正常,可得 L3 相有问题。再测 59 点分别到 62 点、65 点电压都正常(380V)。断开 QS1 把万用表打到电阻挡确认测得 65 点到 66 点断路,恢复模拟故障点 8 开关,故障排除。

☞ 【故障现象】085—101 点间断路。液压泵、砂轮冷却、砂轮升降,电磁吸盘均不能控制,电磁吸盘直流电源、照明正常。

【故障原因】能过故障现象可知故障在控制回路的公共回路断路;欠压继电器 KA 的触头损坏;按钮开关 SB1 损坏;熔断器 FU3 熔断等。

【排除方法】合上 QS1 把万用表打到电压挡,按下 SB3 测 85 点到 100 点时电压正常(127V),再测 81 点分别到 85 点时电压正常、到 101 点时无电压。断开 QS1 把万用表打到电阻挡再次确认测得 85 点到 101 断路,恢复模拟故障点 9 开关,故障排除。

☞【故障现象】090—091点间断路。液压泵、砂轮冷却、砂轮升降、电磁吸盘均失效，电磁吸盘直流电源、照明正常。

【故障原因】能过故障现象可知故障在控制回路的公共回路断路；欠压继电器KA的触头损坏；按钮开关SB1损坏；熔断器FU3熔断等。

【排除方法】合上QS1把万用表打到电压挡，测85点到84点、88点、89点、90点时电压正常（127V）、到91点时无电压。断开QS1把万用表打到电阻挡再次确认测得90点到91断路，恢复模拟故障点10开关，故障排除。

☞【故障现象】094—102点间断路。液压泵启动不能自锁。

【故障原因】接触器KM1自锁触头损坏；触头螺丝松动等。

【排除方法】断开QS1把万用表打到电阻挡测得94点到102点阻值无穷大断路，恢复模拟故障点11开关，故障排除。

☞【故障现象】095—096点间短路。一开电源液压泵就起动。

【故障原因】按钮开关SB3常开触头短路；接触器KM1自锁触头损坏等。

【排除方法】断开QS1把万用表打到电阻挡，拆下接触器KM1自锁触头的连线，测95点到96点还是通短路，恢复模拟故障点12开关，故障排除。

☞【故障现象】099—100点间断路。液压泵电机不能启动。

【故障原因】液压泵控制线路断路；热继电器FR1过载保护；按钮开关SB2、SB3损坏、触头螺丝松动等。

【排除方法】合上QS1把万用表打到电压挡，按下按钮开关SB3测85点分别到96点、98点、99点时电压正常（127V）、到100点时无电压。断开QS1把万用表打到电阻挡再次确认测得99点到100点断路，恢复模拟故障点13开关，故障排除。

☞【故障现象】093—104点间断路。除液压泵电机外，砂轮电机、冷却泵电机及砂轮升降电机均不能启动。

【故障原因】砂轮电机、冷却泵电机及砂轮升降电机控制公共处线路断路等。

【排除方法】合上QS1把万用表打到电压挡，测85点分别到92点、93点时电压正常（127V）、到104点时无电压。断开QS1把万用表打到电阻挡再次确认测得93点到104点断路，恢复模拟故障点14开关，故障排除。

☞【故障现象】106—107点间短路。一开电源砂轮电机和冷却泵电机就启动。

【故障原因】按钮开关SB5常开触头短路；接触器KM2自锁触头损坏等。

【排除方法】断开QS1把万用表打到电阻挡，拆下接触器KM2自锁触头的连线，测106点到107点还是通短路，恢复模拟故障点15开关，故障排除。

☞【故障现象】107—109点间断路。砂轮电机和冷却泵电机不能启动。

【故障原因】砂轮电机和冷却泵控制线路断路；热继电器FR2、FR3过载保护；按钮开关SB4、SB5损坏、触头螺丝松动等。

【排除方法】合上QS1把万用表打到电压挡，按下按钮开关SB5测85点分别到

105 点、106 点、107 点时电压正常（127V）、到 109 点时无电压。断开 QS1 把万用表打到电阻挡再次确认测得 107 点到 109 点断路，恢复模拟故障点 16 开关，故障排除。

☞【故障现象】118—119 点间断路。砂轮上升控制失效。

【故障原因】砂轮上升控制线路断路；接触器 KM4 的联锁触头损坏；接触器 KM3 的线圈烧毁；按钮开关 SB6 损坏、触头螺丝松动等。

【排除方法】合上 QS1 把万用表打到电压挡，按下按钮开关 SB6 测 85 点分别到 117 点、118 点时电压正常（127V）、到 119 点时无电压。断开 QS1 把万用表打到电阻挡再次确认测得 118 点到 119 点断路，恢复模拟故障点 17 开关，故障排除。

☞【故障现象】120—121 点间断路。砂轮上升控制失效。

【故障原因】砂轮上升控制线路断路；接触器 KM4 的联锁触头损坏；接触器 KM3 的线圈烧毁；按钮开关 SB6 损坏、触头螺丝松动等。

【排除方法】合上 QS1 把万用表打到电压挡，按下按钮开关 SB6 测 85 点分别到 117 点、118 点、119 点、120 点时电压正常（127V）、到 121 点时无电压。断开 QS1 把万用表打到电阻挡再次确认测得 120 点到 121 点断路，恢复模拟故障点 18 开关，故障排除。

☞【故障现象】087—150 点间断路。欠压继电器 KA 不动作，液压泵、砂轮冷却、砂轮升降、电磁吸盘均不能控制。

【故障原因】电磁吸盘直流电源线路断路；桥堆 VC 烧毁；熔断器 FU4、FU5、FU8 熔断；欠压继电器 KA 的线圈烧毁等。

【排除方法】合上 QS1 把万用表打到电压挡，测 76 点分别到 83 点、87 点时电压正常（130V）、到 150 点时无电压。断开 QS1 把万用表打到电阻挡再次确认测得 87 点到 150 点断路，恢复模拟故障点 19 开关，故障排除。

☞【故障现象】124—125 点间断路。砂轮下降控制失效。

【故障原因】砂轮下降控制线路断路；接触器 KM3 的联锁触头损坏；接触器 KM4 的线圈烧毁；按钮开关 SB7 损坏、触头螺丝松动等。

【排除方法】合上 QS1 把万用表打到电压挡，按下按钮开关 SB7 测 85 点分别到 124 点时电压正常（127V）、到 125 点时无电压。断开 QS1 把万用表打到电阻挡再次确认测得 124 点到 125 点断路，恢复模拟故障点 20 开关，故障排除。

☞【故障现象】123—131 点间断路。电磁吸盘不能充磁和去磁，其他控制都正常。

【故障原因】电磁吸盘充磁和去磁控制公共处线路断路；按钮开关 SB9 损坏、触头螺丝松动等。

【排除方法】合上 QS1 把万用表打到电压挡，测 85 点分别到 123 点时电压正常（127V）、到 131 点时无电压。断开 QS1 把万用表打到电阻挡再次确认测得 123 点到 131 点断路，恢复模拟故障点 21 开关，故障排除。

☞【故障现象】136—137 点间断路。电磁吸盘不能充磁，去磁控制正常。

【故障原因】电磁吸盘充磁控制线路断路；接触器 KM6 的联锁触头损坏；接触器 KM5 的线圈烧毁；按钮开关 SB8 损坏、触头螺丝松动等。

【排除方法】合上 QS1 把万用表打到电压挡，按下按钮开关 SB8 测 85 点分别到 132 点、133 点、134 点、135 点、136 点时电压正常（127V）、到 137 点时无电压。断开 QS1 把万用表打到电阻挡再次确认测得 136 点到 137 点断路，恢复模拟故障点 22 开关，故障排除。

☞【故障现象】139—140 点间短路。一开电源电磁吸盘去磁就启动。

【故障原因】按钮开关 SB10 常开触头短路等。

【排除方法】断开 QS1 把万用表打到电阻挡，测 139 点到 140 点通短路，恢复模拟故障点 23 开关，故障排除。

☞【故障现象】142—143 点间断路。电磁吸盘去磁控制失效。

【故障原因】电磁吸盘去磁控制线路断路；接触器 KM5 的联锁触头损坏；接触器 KM6 的线圈烧毁；按钮开关 SB10 损坏、触头螺丝松动等。

【排除方法】合上 QS1 把万用表打到电压挡，按下按钮开关 SB10 测 85 点分别到 140 点、141 点、142 点时电压正常（127V）、到 143 点时无电压。断开 QS1 把万用表打到电阻挡再次确认测得 142 点到 143 点断路，恢复模拟故障点 24 开关，故障排除。

☞【故障现象】146—147 点间断路。欠压继电器 KA 不动作，液压泵、砂轮冷却、砂轮升降、电磁吸盘均不能控制。

【故障原因】电磁吸盘直流电源线路断路；桥堆 VC 烧毁；熔断器 FU4、FU5、FU8 熔断；欠压继电器 KA 的线圈烧毁等。

【排除方法】合上 QS1 把万用表打到电压挡，测 145 点到 150 点时电压正常（130V）。把万用表打到直流电压挡，测 148 点分别到 147 点时电压正常（130V）、到 146 点时无电压。断开 QS1 把万用表打到电阻挡再次确认测得 146 点到 147 点断路，恢复模拟故障点 25 开关，故障排除。

☞【故障现象】152—153 点间断路。欠压继电器 KA 不动作，液压泵、砂轮冷却、砂轮升降、电磁吸盘均不能控制。

【故障原因】电磁吸盘直流电源线路断路；桥堆 VC 烧毁；熔断器 FU4、FU5、FU8 熔断；欠压继电器 KA 的线圈烧毁等。

【排除方法】合上 QS1 把万用表打到电压挡，测 145 点到 150 点时电压正常（130V）。把万用表打到直流电压挡，测 148 点分别到 147 点、146 点、152 点时电压正常（130V）、到 153 点时无电压。断开 QS1 把万用表打到电阻挡再次确认测得 152 点到 153 点断路，恢复模拟故障点 26 开关，故障排除。

☞【故障现象】159—164 点间断路。电磁吸盘不能充、去磁。

【故障原因】电磁吸盘直流电源线路断路；接触器 KM5、KM6 的主触头损坏；接插器 X2 损坏；电磁吸盘线圈烧毁等。

【排除方法】合上 QS1 把万用表打到直流电压挡，按下按钮开关 SB8 启动电磁吸盘充磁，测 148 点分别到 155 点、156 点、159 点时电压正常（130V），到 164 点时无电压。断开 QS1 把万用表打到电阻挡再次确认测得 159 点到 164 点断路，恢复模拟故障点 27 开关，故障排除。

☞【故障现象】174—175 点间断路。电磁吸盘充磁正常，但不能去磁。

【故障原因】电磁吸盘去磁线路断路；接触器 KM6 的主触头损坏等。

【排除方法】合上 QS1 把万用表打到直流电压挡，按住按钮开关 SB10 启动电磁吸盘去磁，测 148 点分别到 155 点、173 点、174 点时电压正常（130V）、到 174 点时无电压。断开 QS1 把万用表打到电阻挡再次确认测得 174 点到 175 点断路，恢复模拟故障点 28 开关，故障排除。

☞【故障现象】177—210 点间断路。其他控制都正常，照明灯不亮。

【故障原因】照明回路断路；熔断器 FU6 熔断；开关 QS2 损坏；照明灯泡 EL 烧毁等。

【排除方法】断开 QS1 把万用表打到电阻挡，测 77 点分别到 170 点、177 点时通正常、到 210 点时阻值无穷大，确认测得 177 点到 210 点断路，恢复模拟故障点 29 开关，故障排除。

☞【故障现象】210—211 点间短路。照明灯始终为点亮状态。

【故障原因】开关 QS2 损坏短路等。

【排除方法】断开 QS1 把万用表打到电阻挡，把开关 QS2 打到关的状态测 210 点到 211 点还是通短路，恢复模拟故障点 30 开关，故障排除

做一做

实训 M7120 平面磨床控制电路故障检修

1. 实训目的

1）理解 M7120 平面磨床控制电路的工作原理。

2）学会 M7120 平面磨床控制电路的故障检修方法。

2. 实训所需器材

1）工具：螺钉旋具、测电笔、斜口钳、剥线钳、电工刀等。

2）仪表：MF47 型万用表、ZC25B-3 型兆欧表。

3）器材：M7120 平面磨床控制电路智能实训考核台。

3. 检修步骤及工艺要求

1）在教师指导下，在 M7120 平面磨床智能实训考核台上进行实际操作，了解 M7120 平面磨床的各种工作状态及电磁吸盘的作用。

2）在教师指导下，弄清 M7120 平面磨床电器元件的安装位置、走线情况及各操作手柄的工作状态。

3）在 M7120 平面磨床智能实训考核台上人为设置故障，由教师示范检修，边分析边检查，直到故障排除。

4）由教师设置让学生知道的故障点，指导学生如何从故障现象着手进行分析，逐步引导到采用正确的检查步骤和维修方法排除故障。

5）教师设置人为的故障，由学生检修。

4. 实训注意事项

1）检修前要认真阅读 M7120 平面磨床的电路图，弄清有关电器元件的位置、作用。并要求学生认真地观察教师的示范检修方法及思路。

2）工具、仪表的使用要正确，检修时要认真核对导线的线号，以免出现误判。

3）排除故障时，必须修复故障点，但不得采用元件代换法。

4）排除故障时，严禁扩大故障范围或产生新的故障。

5）要求学生用电阻测量法排除故障，以确保安全。

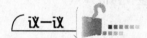

检修 M7120 平面磨床控制电路的方法及思路。

排除 M7120 平面磨床控制电路智能实训考核台上人为设置的故障。

请对自己完成任务的情况进行评估，并填写下表。

评 分 标 准

项目内容	配分	考核要求	评 分 标 准	扣分
调查研究	5	对每个故障现象进行调查研究	排除故障前不进行调查研究，扣 1 分	
故障分析	40	在电气控制电路上分析故障可能的原因，思路正确	① 错标或标不出故障范围，每个故障点扣 10 分 ② 不能标出最小的故障范围，每个故障点扣 5 分	
故障排除	40	正确使用工具和仪表，找出故障点并排除故障	① 实际排除故障中思路不清楚，每个故障点扣 5 分 ② 每少查出一次故障点，扣 5 分 ③ 每少排除一个故障点，扣 10 分 ④ 排除故障的方法不正确，每处扣 10 分	

续表

项目内容	配分	考核要求	评分标准	扣分
其他	15	操作有误,要从此项总分扣分	① 排除故障时产生新的故障后不能自行修复,每个扣 20 分 ②已经修复,每个扣 10 分 ③ 损坏电动机,扣 20 分	
安全文明生产			违反安全、文明生产规程,扣 20~70 分	
定额时间 45min			不允许超时检查	
备注			除定额时间外,各项目的最高扣分不应超过配分数	成绩
开始时间		结束时间	实际时间	

任务五　15/3t 桥式起重机控制电路

任务目标

- 了解 15/3T 桥式起重机的结构及运动形式。
- 掌握 15/3T 桥式起重机的控制要求及其控制电路的工作原理。
- 了解 15/3T 桥式起重机控制电路常见的电气故障,掌握其分析与检查方法。

任务教学方式

教学步骤	时间安排	教学方式
阅读教材	课余	自学、查资料、相互讨论
知识讲解	4 课时	重点讲授 15/3t 桥式起重机控制电路的工作原理,控制电路常见故障及排除方法
操作技能	8 课时	具体机床的故障维修,采取学生训练和教师指导相结合

读一读

知识 1　15/3t 桥式起重机控制电路

1. 15/3t 桥式起重机用途

15/3t 桥式起重机是用来吊起或放下重物并使重物在短距离内水平移动的起重设备。

2. 15/3t 桥式起重机主要结构及运动形式

桥式起重机一般由桥架（又称大车）、装有提升机构的小车、大车移行机构、操纵室、小车导电装置（辅助滑线）、起重机总电源导电装置（主滑线）等部分组成。主钩和副钩组成提升机构。如图 7-14 所示为桥式起重机示意图。

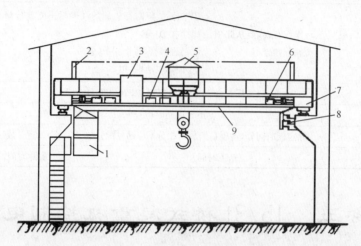

图 7-14 15/3t 桥式起重机结构图

1—驾驶室；2—辅助滑线架；3—交流磁力控制盘；4—电阻箱；5—起重小车；
6—大车拖动电动机；7—端梁；8—主滑线；9—主梁

大车的轨道敷设在沿车间两侧的立柱上，大车可在轨道上沿车间纵向移动。大车上有小轨道供小车横向移动。主钩和副钩都装在小车上，主钩用来提升重物，副钩除可提升轻物外，在它额定负载范围内也可协同主钩倾转或翻倒工件用。但不允许两钩同时提升两个物件。

3.15/3t 桥式起重机电力的拖动特点及控制要求

1）要求电动机具有较高的机械强度和较大的过载能力，同时要求启动转矩大、启动电流小，所以多选用绕线式异步电动机。

2）要有合理的升降速度，空载、轻载要求速度快，以减少辅助工时，重载要求速度慢。

3）应具有一定的调速范围，对于普通起重机调速范围一般为 3∶1，要求较高的地方可以达到（5∶1～10∶1）。

4）提升开始或重物下降至预定位置附近时，需要低速，所以在 30％ 额定速度内应分成几档，以便灵活操作。

5）提升的第一级作为预备级，是为了消除传动间隙和张紧钢丝绳，以避免过大的机械冲击。所以启动转矩不能大，一般限制在额定转矩的一半以下。

6）当下放负载时，根据负载大小，电动机的运行状态可以自动转换为电动状态，倒拉反接状态或再生发电制动状态。

7）制动装置（电气的或机械的）必须十分安全可靠。

8）有完善可靠的电气保护环节。

4.15/3t 桥式起重机电气控制电路分析

（1）凸轮控制器控制电路

1）电路特点。

①可逆对称电路。

②为减少转子电阻段数及控制转子电阻的触点数，采用凸轮控制器控制绕线型电动机时，转子串接不对称电阻。

③用于控制提升机构电动机时，提升与下放重物，电动机处于不同的工作状态。

2）控制电路分析。

①主电路分析。凸轮控制器操作手柄使电动机定子和转子电路同时处在左边或右边对应各档控制位置。左右两边转子回路接线完全一样。当操作手柄处于第一档时，各对触点都不接通，转子电路电阻全部接入，电动机转速最低。而处在第 5 挡时，5 对触点全部接通，转子电路电阻全部短接，电动机转速最高。

②控制电路分析。凸轮控制器的另外 3 对触点串接在接触器 KM 的控制回路中，当操作手柄处于零位时，触点 SA1-7、SA2-7、SA3-7 接通，此时若按下 SB 则接触器得电吸合并自锁，电源接通，电动机的运行状态由凸轮控制器控制。

③保护联锁环节分析。控制器 3 对常闭触点用来实现零位保护、并配合两个运动方向的行程开关 SQ1、SQ2 实现限位保护。

（2）主令控制器的控制

磁力控制器由主令控制器与磁力控制盘组成。将控制用接触器、继电器、刀开关等电器元件按一定电路接线，组装在一块盘上，称作磁力控制盘。

1）提升重物时电路工作情况。

当 SA4 手柄扳到"上 1"挡位时，控制器触点 S3、S4、S6、S7 闭合，接触器 KM2、KM3、KM4 通电吸合，电动机接正转电源，制动电磁铁 YB 通电，电磁抱闸松开，短接一段转子电阻。当主令控制器手柄依次扳到上升的"上 2～上 6"挡时，控制器触点 S8～S12 依次闭合，接触器 KM5～KM9 相继通电吸合，逐级短接转子各段电阻，获得"上 2～上 6"机械特性，得到 5 种提升速度。

2）下降重物时电路工作情况。

①制动下降。

②强力下降。

3）控制电路的保护措施。

①由强力下降过渡到制动下降，可以避免出现高速下降的保护。

②保证反接制动电阻串入的条件下才进入制动下降的联锁。

③控制电路中采用 KM1、KM2、KM3 常开触点并联，是为了在"下 2"、"下 3"位转换过程中，避免高速下降瞬间机械制动引起强烈振动而损坏设备和发生人身事故。

④加速接触器 KM6～KM8 的常开触点串接于下一级加速接触器 KM7～KM9 电路中，实现短接转子电阻的顺序联锁作用。

⑤行程开关 SQ1、SQ2 实现吊钩上升与下降的限位保护。

知识2　15/3t 桥式起重机控制电路故障分析与排除

15/3t 桥式起重机故障原理图如图 7-15 所示，15/3t 桥式起重机主钩故障原理图如图 7-16 所示，其模拟机如图 7-17 所示。

☞【故障现象】合上电源开关 QS1，并按下启动按钮 SB 后，KM 主触点不吸合。

【故障原因】电路电压太低；熔断器 FU1 熔断；紧急开关 QS4、安全门开关 SQc、SQd、SQe 未合上；各凸轮控制器手柄没在零位 SA1-7、SA2-7、SA3-7 触点处于分断状态；过电流继电器 KA0～KA4 动作后未复位；KM 线圈断路。

【排除方法】先查驾驶舱门窗、栏杆门、紧急开关 QS4 是否已经合上；各凸轮控制器手柄已在零位；查电源电压正常；熔断器 FU1 熔体完好；查过电流继电器 KA0～KA4 未动作，动断触点良好；查 KM 线圈断路。更换 KM 线圈，故障排除。

注意：若发现熔断器 FU1 熔断，须检查电路中有无短路或碰壳；过电流继电器 KA0～KA4 已经动作，须检查电动机有无短路，或碰壳，或过载。

【模拟故障】模拟故障 17 点：查电源电压正常；接通电源，按下启动按钮，接触器 KM 不吸合。先断开 QS1，然后查驾驶舱门窗、栏杆门（SQc、SQd、SQe）各位置开关的位置正确；查紧急开关 QS4 是否已经合上；各凸轮控制器手柄是在零位；熔断器 FU1 熔体是否完好；查过电流继电器 KA0～KA4 未动作；用电阻测量法，查 QS1 的 U 相至 FU1 的 131 号接线柱电路通，查 FU1 的 132 号接线柱至 KM 线圈的 130 号接线柱电路不通，确认 17 点已经断开，恢复模拟故障点开关，故障排除。

注意：16 号点、8 号点、7 号点、6 号点、12 号点的故障现象同上。

☞【故障现象】主接触器 KM 吸合后，过电流继电器 KA1 立即动作。

【故障原因】出现大电流，如碰壳或接地等；主要有凸轮控制器 SA1～SA4 电路接地；电动机 M1～M4 绕组有短路或碰壳接地。电磁抱闸 YB1～YB4 线圈开路或接地。

【排除方法】用万用表或摇表来检测。必须记住：在断电的情况下进行。一般用万用表能测出电阻值，说明短路较严重。用摇表测出电阻值小于 0.5MΩ 以下都不正常。过电流继电器 KA1 立即动作，故障范围落在相应被控制电路部分。

【模拟故障】3 点：当拨动凸轮控制器 SA1 时，电动机应该能正常转动，但现在由于制动电磁铁 YA1 未吸合动作，电动机处于制动状态（抱闸状态），查 YA1 线圈电阻正常，查 YA1 线圈引线发现已经开路。此时副钩电动机处于制动状态，因电流过大引起 KA1 动作，恢复模拟故障点开关，故障排除。

注意：如果设置第 3 点模拟故障点，应该在 KA1 动断触点处断开，为什么？

因为制动电磁铁 YA1 线圈断电以后，此时副钩电动机处于制动状态，堵转电流过大会引起 KA1 动作，否则，模拟故障不准确，不符合实际情况。

☞【故障现象】当接通电源后，转动凸轮控制器 SA1 手柄，副钩电动机不转动。

【故障原因】凸轮控制器的主触点、滑触线与集电环接触不良；电动机缺相或定子绕组、转子绕组断路；电磁抱闸线圈断路或制动器未松闸。

【排除方法】对照凸轮控制器的触点分合表，查凸轮控制器的主触点接触良好；观察

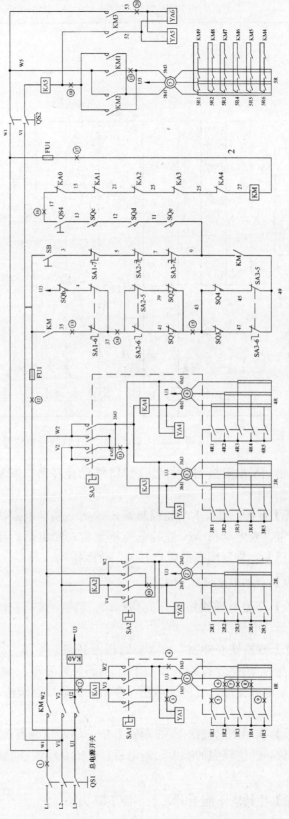

图7-15 15/3t 桥式起重机故障原理图

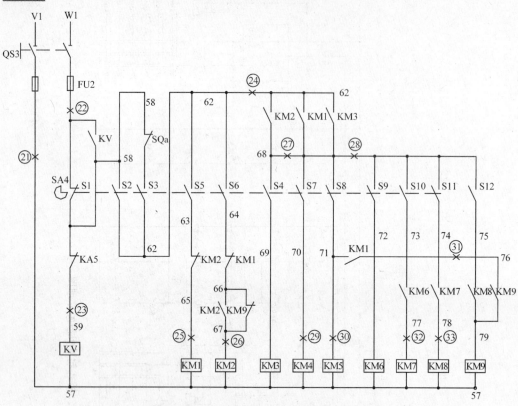

图 7-16　15/3t 桥式起重机主钩故障原理图

制动器正常放松；用电阻挡测量电动机 1M3 线已经断路，恢复模拟故障点开关，故障排除。

【模拟故障】4 点：当拨动凸轮控制器 SA1 时，制动电磁铁 YA1 动作。当测量 SA1 下桩点电压正常，查电动机 M1 进线电压不正常；断电后，用电阻测量法，查电动机 M1 的 1M3 线已断，恢复模拟故障点开关，故障排除。

☞【故障现象】制动电磁铁噪声大。

【故障原因】交流电磁铁短路环开路；动、静铁心端面有油污或生锈；铁心松动；端面不平及变形；电磁铁过载。

【排除方法】观察铁心外表，检查短路环无开路、油污、生锈等情况；查制动电磁铁 YA2 噪声较大，用螺丝钉旋具顶一下，声音立刻变轻，清洁铁心端面，故障消除。若铁心端面不平整或变形，可借助印泥，在白纸上盖端面印迹，根据印迹的完整程度来分析是否平整。

【模拟故障】在制动电磁铁 YA2 衔铁上垫一层一定厚度的黑胶布，使得 KA2 吸合时，铁心不到位，产生较大的噪声。断电后，仔细观察铁心的确不到位，清除黑胶布故障排除。

☞【故障现象】主钩既不能上升，也不能下降。

【故障原因】欠电压继电器 KV 不动作，查线圈是否断路；凸轮控制器 SA4 未回到

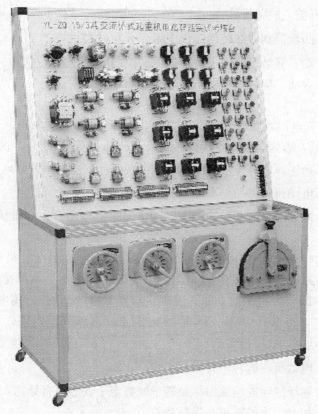

图 7-17 15/3t 桥式起重机智能模拟机

零位；熔断器 FU4 熔断；过电流继电器 KA5 动作触点未复位；主令控制器的触点 S2、S3、S4、S5、S6 接触不良；电磁抱闸线圈断路或制动器未松闸。

【排除方法】使凸轮控制器 SA4 回到零位；熔断器 FU4 熔体正常；查欠电压继电器 KV 线圈已断路，更换线圈，故障排除。

【模拟故障】23 点：合上 QS3、SA4 后，查熔断器 FU2 正常，测量欠电压继电器 KV 线圈 184 号线与熔断器 FU2 的 179 号线之间的电压正常（380V）；查欠电压继电器 KV 线圈 184 号线与凸轮控制器 SA4 的 180 号线之间电压正常（380V）；查欠电压继电器 KV 线圈 184 号线与 KA5 的 182 号线之间电压正常（380V）；但 KV 线圈两端没有电压，断电后，用电阻挡测量欠电压继电器 KV 线圈 183 号线与 KA5 的 183 号线之间电阻很大，已开路，恢复模拟故障点开关，故障排除。

【模拟故障】21 点：测量熔断器 FU2 的 173 号线和 177 号线之间电压正常（380V）；欠电压继电器 KV 线圈 184 号线与熔断器 FU2 的 177 号线之间无电压；查欠电压继电器 KV 线圈 184 号线与熔断器 FU2 的 173 号线之间电阻无穷大已开路，恢复模拟故障点开关，故障排除。

【模拟故障】22 点：测量熔断器 FU2 的 173 号线和 177 号线之间的电压正常（380V）；凸轮控制器 SA4（S1）的 179 号线与熔断器 FU2 的 173 号线之间无电压；查凸轮控制器 SA4（S1）的 179 号线与熔断器 FU2 的 173 号线之间电阻无穷大已开路，

恢复模拟故障点开关，故障排除。

☞ 【故障现象】凸轮控制器在转动过程中触点火花过大。

【故障原因】动、静触点接触不良、烧毛；控制容量过大（过载）。

【排除方法】对动、静触点接触不良进行调整恢复，对烧毛后凹凸不平的触点进行研磨修复。

【模拟故障】8 点：当拨动凸轮控制器 SA1 置于"2"挡现象正常，置于"3"挡现象不正常。断电后，查短接 1R4 的触点完好，查它的连线已断开，恢复模拟故障点开关，故障排除。（在模拟机床中，由于没有带电动机，故触点不会有火花。）

☞ 【故障现象】电动机输出功率不足，转动速度慢

【故障原因】制动器未松开；转子中起动电阻未完全断开；有机械卡阻现象；电网电压下降。

【排除方法】检查电网电压正常；仔细观察制动器工作灵活、机械没有卡阻现象；查控制器未按要求切除转子中的启动电阻，更换接触器 KM4，故障排除。

【模拟故障】29 点：主钩启动时，发现接触器 KM4 未动作，用电阻挡测量，接触器 KM4 线圈完好，查 KM4 线圈 218 号线至 S7 217 号线间电阻值，为无穷大已开路，恢复模拟故障点开关，故障排除。

☞ 【故障现象】电动机在运转中有异常声响。

【故障原因】轴承缺油或滚珠损坏；转子摩擦定子铁心；有异物入内。

【排除方法】加油；更换轴承；进行清除。

☞ 【故障现象】电磁铁断电后衔铁不复位。

【故障原因】机构被卡住；铁心面有油污黏住；寒冷时润滑油冻结。

【排除方法】进行机构修复，清除油污或处理润滑油，故障排除。

☞ 【故障现象】接触器衔铁吸不上

【故障原因】电源电压过低；可动部分被卡住；线圈已损坏；触点压力过大。

【排除方法】查电源电压正常；机械部分没有发现卡住的现象；查接触器 KM 的线圈完好；查 QS4 接触不良，修复 QS4，故障排除。

【模拟故障】16 点：按下 SB，接触器 KM 不吸合，用电阻法检查 FU1 131 号线至 KM 线圈 130 号线的电阻正常（0Ω）；查 KM 线圈完好；查 KA0～KA4 动断触点的电阻为 0Ω 正常；查 KA0 的 119 号线至紧急开关 QS4 的 111 号线间电阻很大，说明已经开路，恢复模拟故障点开关，故障排除。

☞ 【故障现象】接触器衔铁吸合后不释放或释放缓慢。

【故障原因】触点熔焊；可动部分被卡住；反力复位弹簧疲劳或损坏；铁心剩磁太大；端面有油污。

【排除方法】更换触点；排除卡住故障；更换弹簧、铁心；清除油污。

【模拟故障】在灭弧罩下垫绝缘材料。合上电源开关 QS1，接触器 KM 已经吸合，根据原理分析，主要故障在接触器的主触点上，查接触器主触点电阻为零，证明已经熔

焊，打开灭弧罩，取下绝缘材料，故障排除。

☞【故障现象】接触器衔铁释放缓慢（断电后，过一会儿才释放）。

【故障原因】主要是铁心中柱间隙变小，剩磁太大；端面油污太多；反力弹簧疲劳或损坏。

【排除方法】检查端面没有油污，重点检查铁心磨损过大，中柱间隙太小，剩磁太大。更换接触器或铁心，故障排除。

☞【故障现象】接触器 KM 不能自锁。

【故障原因】自锁触点损坏或自锁电路 KM 78 号→SA1－6→SA2-6→SQ1→SQ3→SA3-6→KM 109 号有一处断路。

【排除方法】模拟通电，按下接触器的触点。查自锁 KM 78 号线与 KM 79 号线间电阻很大，触点已损坏，除去氧化层或更换接触器，故障排除。

【模拟故障】13 点：按下 SB，接触器 KM 吸合，松开 SB，KM 立即释放。主要查 KM 自锁触点及自锁通电路径，查自锁 FU1 77 号与 KM 79 号线间电阻正常，接触器 KM 39 号线至 SA1-6 80 号线电阻无穷大，确定电路已经断路，恢复模拟故障点开关，故障排除。

注意：14 点、15 点故障现象同上。

15/3t 桥式起重机电路问答题如下。

1）桥式起重机采用什么方式供电？

答：小型（一般 10t 以下）桥式起重机采用软电缆供电；大型的桥式起重机采用滑触线和集电刷供电。

2）桥式起重机一般采用什么样的电动机？

答：采用具有较高的机械强度和较大的过载能力、启动转矩大、启动电流小的绕线式转子异步电动机。

3）桥式起重机有哪些保护措施？

答：具备必要的零位、短路、过载和过流保护、终端（或限位）保护、接地保护、安全开关、紧急停止开关。

4）桥式起重机起动前的准备工作有哪些？

答：应将所有凸轮控制器手柄置于"0"位，零位联锁触点 SA1-7、SA2-7、SA3-7 处于闭合状态。关好舱门和横梁栏杆门，即位置开关 SQc、SQd、SQe 处于闭合状态。

5）凸轮控制器手柄置于"0"位的作用是什么？

答：启动时，使 KM 线圈得电吸合。确保电动机正反转启动时，所有电阻串入转子回路中，限制启动电流不会太大。

6）桥式起重机大车、小车等用什么来控制？主钩用什么来控制？

答：大车、小车和副钩电动机容量都较小，一般采用凸轮控制器。主钩电动机容量较大，一般采用主令控制器和接触器配合进行控制。

7）副钩带有重负载时，要注意哪些事项？

答：副钩带有重负载时，考虑到负载的重力作用，在下降负载时，应先把手轮逐级扳到

"下降"的最后一挡,然后根据速度要求逐级退回升速,以免引起快速下降而造成事故。

8) 为什么手柄置于"J"挡时,时间不宜过长?

答:手柄置于"J"挡时,是下降准备挡,电动机处于正转倒拉并抱闸制动状态,时间不宜过长,以免烧坏电气设备。

9) 若负载较轻时,为什么不能处于"1"挡?

答:若负载较轻时,电动机会运转于正向电动状态,重物不但不能下降,反而会被提升。

10) 接触器 KM2 支路中 KM2 动合触点与 KM9 的辅助动断触点并联的作用是什么?

答:保证只有在转子电路中串接一定附加电阻的前提下,才能进行反接制动,以防止反接制动时造成直接启动而产生过大的冲击电流。

11) 为什么提升的第一级作为预备级?

答:提升的第一级作为预备级是为了消除传动隙和张紧钢丝绳,以避免过大的机械冲击。所以启动转矩不能过大,一般限制在额定转矩的一半以下。

12) 桥式起重机采用什么制动方式?

答:桥式起重机采用了电磁抱闸断电制动方式。

实训　15/3t 桥式起重机控制电路故障检修

1. 实训目的

1) 理解 15/3t 桥式起重机控制电路的工作原理。
2) 学会 15/3t 桥式起重机控制电路的故障检修方法。

2. 实训所需器材

1) 工具:螺钉旋具、测电笔、斜口钳、剥线钳、电工刀等。
2) 仪表:MF47 型万用表、ZC25B-3 型兆欧表。
3) 器材:15/3t 桥式起重机控制电路智能实训考核台。

3. 检修步骤及工艺要求

1) 在教师指导下,在 15/3t 桥式起重机控制电路智能实训考核台上进行实际操作,了解 15/3t 桥式起重机的结构及各种操作控制。

2) 在教师指导下,弄清 15/3t 桥式起重机电器元件的安装位置、走线情况及各个凸轮控制器、主令控制器的作用。

3) 在 15/3t 桥式起重机控制电路智能实训考核台上人为设置故障,由教师示范检修,边分析边检查,直到故障排除。

4) 由教师设置让学生知道的故障点,指导学生如何从故障现象着手进行分析,逐步引导到采用正确的检查步骤和维修方法排除故障。

5) 教师设置故障,由学生检修。

4. 实训注意事项

1) 检修前要认真阅读 15/3t 桥式起重机的电路图,熟练掌握各个凸轮控制器及主令控制器的动作原理及作用。并要求学生认真地观察教师的示范检修方法及思路。

2) 检修所用工具、仪表应符合使用要求,并能正确地使用,检修时要认真核对导线的线号,以免出现误判。

3) 排除故障时,必须修复故障点,但不得采用元件代换法。

4) 排除故障时,严禁扩大故障范围或产生新的故障。

5) 要求学生用电阻测量法排除故障,以确保安全。

检修 15/3t 桥式起重机控制电路的方法及思路。

排除 15/3t 桥式起重机控制智能实训考核台上人为设置的故障。

请对自己完成任务的情况进行评估,并填写下表。

评 分 标 准

项目内容	配分	考核要求	评 分 标 准	扣分
调查研究	5	对每个故障现象进行调查研究	排除故障前不进行调查研究,扣1分	
故障分析	40	在电气控制电路上分析故障可能的原因,思路正确	① 错标或标不出故障范围,每个故障点扣10分 ② 不能标出最小的故障范围,每个故障点扣5分	
故障排除	40	正确使用工具和仪表,找出故障点并排除故障	① 实际排除故障中思路不清楚,每个故障点扣5分 ② 每少查出一次故障点,扣5分 ③ 每少排除一个故障点,扣10分 ④ 排除故障方法不正确,每处扣10分	
其他	15	操作有误,要从此项总分扣分	① 排除故障时产生新的故障后不能自行修复,每个扣20分 ② 已经修复,每个扣10分 ③ 损坏电动机,扣20分	
安全文明生产		违反安全、文明生产规程,扣20~70分		
定额时间 45min		不允许超时检查		
备注		除定额时间外,各项目的最高扣分不应超过配分数	成绩	
开始时间		结束时间	实际时间	

正确处理理论学习与技能训练的关系，在认真学习理论知识的基础上，注意加强技能训练。密切联系生产实际，勤学苦练，注意积累经验，总结规律，逐步培养独立分析和解决实际问题的能力。

思考与练习

一、填空题：

1. X62W 万能铣床的主轴电动机采用＿＿＿＿＿＿制动以实现准确停车。

2. X62W 万能铣床 6 个方向的进给运动中同时只能有一种运动产生，该铣床采用了机械＿＿＿＿＿＿和＿＿＿＿＿＿相配合的方式来实现 6 个方向的联锁。

3. T68 卧式镗床的运动有：＿＿＿＿＿＿；＿＿＿＿＿＿；＿＿＿＿＿＿。

4. X62W 主轴电动机采用两地控制方式，因此启动按钮 SB1 和 SB2 是并联；停止按钮 SB5 和 SB6 的常闭触头是＿＿＿＿＿＿联。

5. Z3050 钻床只有＿＿＿＿＿＿电动机和＿＿＿＿＿＿电动机需要正反转。

6. X62W 主轴换刀时，应将转换开关 SA1 扳向换刀位置，这时常开触头 SA1-1＿＿＿＿＿＿，电磁离合器 YC1 线圈得电，主轴处于制动状态以方便换刀；同时常闭触头 SA1-2＿＿＿＿＿＿，切断控制电路，保证人身安全。

7. T68 型卧式镗床的主轴要求快速而准确的制动，常用的制动方法为＿＿＿＿＿＿。

8. M7120 平面磨床的主运动是＿＿＿＿＿＿。

二、X62W 万能铣床控制电路中出现圆工作台正常、进给冲动正常，其他进给都不动作的故障现象，试分析它产生的故障原因。

三、Z3050 钻床大修后，若 SQ3 安装位置不当，会出现什么故障？

四、X62W 万能铣床控制电路中接触器 KM1 主触点熔焊后，会产生什么后果？

五、T68 卧式镗床控制电路中正向启动正常，反向无制动，但反向启动正常的故障现象，试分析它产生的故障原因。

六、T68 卧式镗床控制电路中接通电源后主轴电动机马上运转的故障现象，试分析它产生的故障原因。

七、若 Z3050 摇臂钻床中 SQ3 常闭与 KT1 常闭之间断开，则机床运行时会发生什么故障现象？

八、M7120 平面磨床控制电路中的电磁吸盘吸力不足的故障现象，试分析它产生的故障原因。

九、Z3050 钻床大修后，若 SQ3 安装位置不当，会出现什么故障？

项目八

可编程控制器基础

　　传统的控制是由继电接触器实现的，其接线复杂，而且故障率高，而采用
可编程控制器控制能代替传统的继电接触器控制，并且使接线简单化。

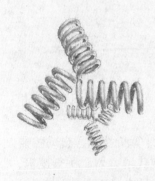

- 掌握可编程控制器基本知识。
- 掌握可编程控制器编程的基本方法。

- 能用可编程控制器改造传统继电器控制电路。
- 会用 PLC 去控制一些能实现具体目标功能的
  电路。

任务一　可编程控制器

- 了解可编程控制器的结构。
- 掌握可编程控制器的组成及各部分的基本作用。

任务教学方式

教学步骤	时间安排	教学方式
阅读教材	课余	自学、查资料、相互讨论
知识讲解	2课时	重点讲授 PLC 的结构、基本配置

知识1　可编程控制器概况

可编程控制器（Programmable Controller，简称 PC）。为了与个人计算机的 PC 相区别，用 PLC 表示。

PLC 是在传统的顺序控制器的基础上引入了微电子技术、计算机技术、自动控制技术和通信技术而形成的一代新型工业控制装置，目的是用来取代继电器、执行逻辑、计时、计数等顺序控制功能，建立柔性的程控系统。国际电工委员会（IEC）颁布了对 PLC 的定义：可编程控制器是一种数字运算操作的电子系统，专为在工业环境下应用而设计。它采用可编程序的存储器，用来在其内部存储执行逻辑运算、顺序控制、定时、计数和算术运算等操作的指令，并通过数字的、模拟的输入和输出，控制各种类型的机械或生产过程。可编程序控制器及其有关设备，都应按易于与工业控制系统形成一个整体，易于扩充其功能的原则设计。

PLC 具有通用性强、使用方便、适用面广、可靠性高、抗干扰能力强、编程简单等特点。可以预料：在工业控制领域中，PLC 控制技术的应用必将成为世界潮流。

PLC 程序既有生产厂家的系统程序，又可有用户自己开发的应用程序，系统程序提供运行平台，同时，还为 PLC 程序可靠运行及信息与信息转换进行必要的公共处理。用户程序由用户按控制要求设计。

知识2　PLC 的结构及基本配置

1. 可编程控制器结构

尽管国内外的 PLC 生产厂家在很多，但 PLC 的基本结构都相接近，均由中央处理器（CPU）、存储器、输入/输出接口电路和其他一些电路组成。PLC 的基本结构框架如图8-1所示。

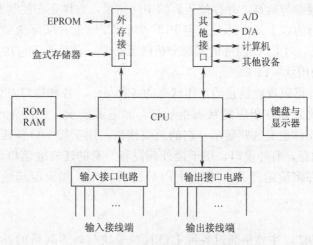

图 8-1　PLC 的基本结构框图

如图 8-2 所示为 FX2N-48MT PLC 的外形图。

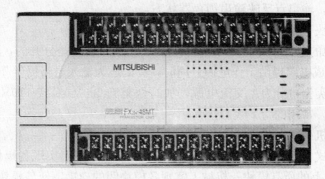

图 8-2　FX2N-48MT PLC 的外形图

2. 可编程控制器基本配置

(1) CPU 的构成

PLC 中的 CPU 是 PLC 的核心，起神经中枢的作用，每台 PLC 至少有一个 CPU，它按 PLC 的系统程序赋予的功能接收并存储用户程序和数据，用扫描的方式采集由现场输入装置送来的状态或数据，并存入规定的寄存器中，同时，诊断电源和 PLC 内部电路的工作状态和编程过程中的语法错误等。进入运行后，从用户程序存储器中逐条读取指令，经分析后再按指令规定的任务产生相应的控制信号，去指挥有关的控制电路，与通用计算机一样，主要由运算器、控制器、寄存器及实现它们之间联系的数据、控制及状态总线构成，还有外围芯片、总线接口及有关电路。它确定了进行控制的规模、工作速度、内存容量等。内存主要用于存储程序及数据，是 PLC 不可缺少的组成单元。

CPU 的控制器控制 CPU 工作，由它读取指令、解释指令及执行指令。但工作节奏由振荡信号控制。

　　CPU 的运算器用于进行数字或逻辑运算，在控制器指挥下工作。

　　CPU 的寄存器参与运算，并存储运算的中间结果，它也是在控制器指挥下工作。

　　CPU 虽然划分为以上几个部分，但 PLC 中的 CPU 芯片实际上就是微处理器，由于电路的高度集成，对 CPU 内部的详细分析已无必要，只要弄清它在 PLC 中的功能与性能，能正确地使用就可以了。

　　CPU 模块的外部表现就是它的工作状态的各种显示、各种接口及设定或控制开关。一般讲，CPU 模块总要有相应的状态指示灯，如电源显示、运行显示、故障显示等。箱体式 PLC 的主箱体也有这些显示。它的总线接口，用于接 I/O 模板或底板，有内存接口，用于安装内存，有外设口，用于接外部设备，有的还有通信口，用于进行通信。CPU 模块上还有许多设定开关，用以对 PLC 进行设定，如设定起始工作方式、内存区等。

　　（2）I/O 模块

　　PLC 的对外功能，主要是通过各种 I/O 接口模块与外界联系的，按 I/O 点数确定模块规格及数量，I/O 模块可多可少，但其最大数受 CPU 所能管理的基本配置的能力，即受最大的底板或机架槽数限制。I/O 模块集成了 PLC 的 I/O 电路，其输入暂存器反映输入信号状态，输出点反映输出锁存器状态。

　　（3）电源模块

　　有些 PLC 中的电源，是与 CPU 模块合二为一的，有些是分开的，其主要用途是为 PLC 各模块的集成电路提供工作电源。同时，有的还为输入电路提供 24V 的工作电源。电源根据其输入类型可分为：交流电源，加的是交流 220VAC 或 110VAC；直流电源，加的是直流电压，常用的为 24V。

　　（4）底板或机架

　　大多数模块式 PLC 使用底板或机架，其作用是：电气上实现各模块间的联系，使 CPU 能访问底板上的所有模块；机械上实现各模块间的连接，使各模块构成一个整体。

　　（5）PLC 的外部设备

　　外部设备是 PLC 系统不可分割的一部分，它有 4 大类。

　　1）编程设备。有简易编程器和智能图形编程器，用于编程、对系统作一些设定、监控 PLC 及 PLC 所控制的系统的工作状况。编程器是 PLC 开发应用、监测运行、检查维护不可缺少的器件，但它不直接参与现场控制运行。

　　2）监控设备。有数据监视器和图形监视器。直接监视数据或通过画面监视数据。

　　3）存储设备。有存储卡、存储磁带、软磁盘或只读存储器，用于永久性地存储用户数据，使用户程序不丢失，如 EPROM、E^2PROM 写入器等。

　　4）输入/输出设备。用于接收信号或输出信号，一般有条码读入器，输入模拟量的电位器、打印机等。

　　（6）PLC 的通信联网

　　PLC 具有通信联网的功能，它使 PLC 与 PLC 之间、PLC 与上位计算机及其他智能设备之间能够交换信息，形成一个统一的整体，实现分散集中控制。现在几乎所有的

PLC 新产品都有通信联网功能，它和计算机一样具有 RS-232 接口，通过双绞线、同轴电缆或光缆，可以在几公里甚至几十公里的范围内交换信息。

当然，PLC 之间的通信网络是各厂家专用的，PLC 与计算机之间的通信，一些生产厂家采用工业标准总线，并向标准通信协议靠拢，这将使不同机型的 PLC 之间、PLC 与计算机之间可以方便地进行通信与联网。

了解了 PLC 的基本结构，在购买程控器时就有了一个基本配置的概念，做到既经济又合理，尽可能发挥 PLC 所提供的最佳功能。

任务二　可编程控制器的编程语言

任务目标

- 掌握可编程控制器中各继电器的功能。
- 熟悉 PLC 常用指令的助记符、功能和用法。
- 掌握指令表与梯形图的对应关系。

任务教学方式

教学步骤	时间安排	教学方式
阅读教材	课余	自学、查资料、相互讨论
知识讲解	6 课时	重点讲授 PLC 的编程方法、梯形图画法、型号与常用规格

**读一读**

知识 1　基本指令系统的特点

PLC 的编程语言与一般计算机语言相比，具有明显的特点，它既不同于高级语言，也不同与一般的汇编语言，它既要满足易于编写的要求，又要满足易于调试的要求。目前，还没有一种对各厂家产品都能兼容的编程语言。如三菱公司的产品有其自己的编程语言，OMRON 公司的产品也有其自己的语言。但不管什么型号的 PLC，其编程语言都具有以下特点。

1. 图形式指令结构

程序由图形方式表达，指令由不同的图形符号组成，易于理解和记忆。系统的软件开发者已把工业控制中所需的独立运算功能编制成象征性图形，用户根据自己的需要把这些图形进行组合，并填入适当的参数。在逻辑运算部分，几乎所有的厂家都采用类似于继电器控制电路的梯形图，很容易接受。如西门子公司还采用控制系统流程图来表示，它沿用二进制逻辑元件图形符号来表达控制关系，很直观易懂。较复杂的算术运算、定时计数等，一般也参照梯形图或逻辑元件图给予表示，虽然其象征性不如逻辑运算部分，但也受用户欢迎。

2. 明确的变量常数

图形符相当于操作码，规定了运算功能，操作数由用户填入，如 K400，T120 等。PLC 中的变量和常数及其取值范围有明确规定，由产品型号决定，可查阅产品目录手册。

3. 简化的程序结构

PLC 的程序结构通常很简单，典型的为块式结构，不同块完成不同的功能，使程序的调试者对整个程序的控制功能和控制顺序有清晰的概念。

4. 简化应用软件生成过程

使用汇编语言和高级语言编写程序，要完成编辑、编译和连接三个过程，而使用编程语言，只需要编辑一个过程，其余由系统软件自动完成，整个编辑过程都在人机对话下进行的，不要求用户有高深的软件设计能力。

5. 强化调试手段

无论是汇编程序，还是高级语言程序调试，都是令编辑人员头疼的事，而 PLC 的程序调试提供了完备的条件，使用编程器，利用 PLC 和编程器上的按键、显示和内部编辑、调试、监控等，并在软件支持下，诊断和调试操作都很简单。

总之，PLC 的编程语言是面向用户的，对使用者不要求具备高深的知识、不需要长时间的专门训练。

知识 2 编程语言的形式

本教材采用最常用的两种编程语言，一是梯形图，二是助记符语言表。采用梯形图编程，是因为它直观易懂，但需要一台个人计算机及相应的编程软件；采用助记符形式便于实验，因为它只需要一台简易编程器，而不必用昂贵的图形编程器或计算机来编程。

1. 编程指令

指令是 PLC 被告知要做什么及怎样去做的代码或符号。从本质上讲，指令只是一些二进制代码，这点 PLC 与普通的计算机是完全相同的。同时 PLC 也有编译系统，它可以把一些文字符号或图形符号编译成机器码，所以用户看到的 PLC 指令一般不是机器码而是文字代码，或图形符号。常用的助记符语句用英文文字（可用多国文字）缩写及数字代表各相应指令。常用的图形符号即梯形图，它类似于电气原理图中的符号，易为电气工作人员所接受。

2. 指令系统

一个 PLC 所具有的指令的全体称为该 PLC 的指令系统。它包含着指令的多少，各指令都能干什么事，代表着 PLC 的功能和性能。一般来讲，功能强、性能好的 PLC，其指令系统必然丰富，所能干的事也就多。用户在编程之前必须弄清 PLC 的指令系统。

3. 程序

是 PLC 指令的有序集合，PLC 运行它，可进行相应的工作，当然，这里的程序是指 PLC 的用户程序。用户程序一般由用户设计，PLC 的厂家或代销商不提供。用语句表达的程序不大直观，可读性差，特别是较复杂的程序，更难读，所以多数程序用梯形图表达。

4. 梯形图

梯形图是通过连线把 PLC 指令的梯形图符号连接在一起的连通图，用以表达所使用的 PLC 指令及其前后顺序，它与电气原理图很相似。它的连线有两种：一为母线，另一为内部横竖线。内部横竖线把一个个梯形图符号指令连成一个指令组，这个指令组一般总是从装载（LD）指令开始，必要时再加入若干个输入指令（含 LD 指令），以建立逻辑条件。最后为输出类指令实现输出控制，或为数据控制、流程控制、通信处理、监控工作等指令，以进行相应的工作。母线是用来连接指令组的。图 8-3 所示是三菱公司的 FX2N 系列产品的最简单的梯形图例。

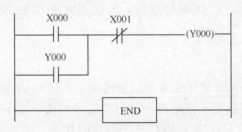

图 8-3　FX2N 系列产品的梯形图

它有两组，第一组用以实现启动、停止控制。第二组仅一个 END 指令，用以 结束程序。

5. 梯形图与助记符的对应关系

助记符指令与梯形图指令有严格的对应关系，而梯形图的连线又可把指令的顺序予以体现。一般讲其顺序为：先输入，后输出（含其他处理）；先上，后下；先左，后右。有了梯形图就可将其翻译成助记符程序。图 8-3 的助记符程序如下。

地址	指令	变量
0000	LD	X000
0001	OR	Y000
0002	ANI	X001
0003	OUT	Y000
0004	END	

反之，根据助记符，也可画出与其对应的梯形图。

6. 梯形图与电气原理图的关系

如果仅考虑逻辑控制，梯形图与电气原理图也可建立起一定的对应关系。如梯形图的输出（OUT）指令，对应于继电器的线圈，而输入指令（如 LD，AND，OR）对应于接点，互锁指令（IL、ILC）可看成总开关等。这样，原有的继电控制逻辑，经转换即可变成梯形图，再进一步转换，即可变成语句表程序。

有了这种对应关系，用 PLC 程序代表继电逻辑是很容易的。这也是 PLC 技术对传统继电控制技术的继承。

知识 3 编程元件

下面着重介绍三菱公司的 FX2N 系列产品的一些编程元件及其功能。

FX 系列产品，它内部的编程元件，也就是支持该机型编程语言的软元件，按通俗叫法分别称为继电器、定时器、计数器等，但它们与真实元件有很大的差别，一般称它们为"软继电器"。这些编程用的继电器，其工作线圈没有工作电压等级、功耗大小和电磁惯性等问题；触点没有数量限制、没有机械磨损和电蚀等问题。它在不同的指令操作下，其工作状态可以无记忆，也可以有记忆，还可以作脉冲数字元件使用。一般情况下，X 代表输入继电器，Y 代表输出继电器，M 代表辅助继电器，SPM 代表专用辅助继电器，T 代表定时器，C 代表计数器，S 代表状态继电器，D 代表数据寄存器，MOV 代表传输等。

1. 输入继电器（X）

PLC 的输入端子是从外部开关接受信号的窗口，PLC 内部与输入端子连接的输入继电器 X 是用光电隔离的电子继电器，它们的编号与接线端子编号一致（按八进制输入），线圈的吸合或释放只取决于 PLC 外部触点的状态。内部有常开/常闭两种触点供编程时随时使用，且使用次数不限。输入电路的时间常数一般小于 10ms。各基本单元都是八进制输入的地址，输入为 X000～X007，X010～X017，X020～X027 。它们一般位于机器的上端。

2. 输出继电器（Y）

PLC 的输出端子是向外部负载输出信号的窗口。输出继电器的线圈由程序控制，输出继电器的外部输出主触点接到 PLC 的输出端子上供外部负载使用，其余常开/常闭触点供内部程序使用。输出继电器的电子常开/常闭触点使用次数不限。输出电路的时间常数是固定的 。各基本单元都是八进制输出，输出为 Y000～Y007，Y010～Y017，Y020～Y027 。它们一般位于机器的下端。

3. 辅助继电器（M）

PLC 内有很多的辅助继电器，其线圈与输出继电器一样，由 PLC 内各软元件的触点驱动。辅助继电器也称中间继电器，它没有向外的任何联系，只供内部编程使用。它的电子常开/常闭触点使用次数不受限制。但是，这些触点不能直接驱动外部负载，外部负载的驱动必须通过输出继电器来实现。图 8-4 所示中的 M300，它只起到一个自锁的功能。在 FX2N 中普遍采用 M0~M499，共 500 点辅助继电器，其地址号按十进制编号。还有一些特殊的辅助继电器，如掉电继电器、保持继电器等，在这里就不一一介绍了。

图 8-4　辅助继电路图例

4. 定时器（T）

在 PLC 内的定时器是根据时钟脉冲的累积形式，当所计时间达到设定值时，其输出触点动作，时钟脉冲有 1ms、10ms 和 100ms。定时器可以用用户程序存储器内的常数 K 作为设定值，也可以用数据寄存器（D）的内容作为设定值。在后一种情况下，一般使用有掉电保护功能的数据寄存器。即使如此，若备用电池电压降低时，定时器或计数器往往会发生误动作。

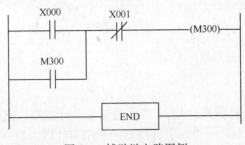

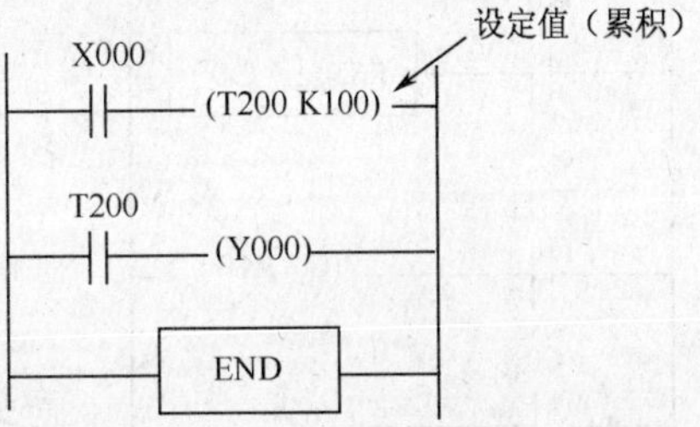

图 8-5　定时器指令符号

定时器通道范围如下：

100ms 定时器 T0~T199，共 200 点，设定值：0.1~3276.7s。

10ms 定时器 T200~TT245，共 46 点，设定值：0.01~327.67s。

1ms 积算定时器 T245~T249，共 4 点，设定值：0.001~32.767s。

100ms 积算定时器 T250~T255，共 6 点，设定值：0.1~3276.7s。

定时器指令符号及应用如图 8-5 所示。

当定时器线圈 T200 的驱动输入 X000 接通时，T200 的当前值计数器对 10 ms 的时钟脉冲进行累积计数，当前值与设定值 K100 相等时，定时器的输出接点动作，即输出触点是在驱动线圈后 1s（100×10ms = 1s）时才动作，当 T200 触点吸合后，Y000 就有输出。当驱动输入 X000 断开或发生停电时，定时器就复位，输出触点也复位。

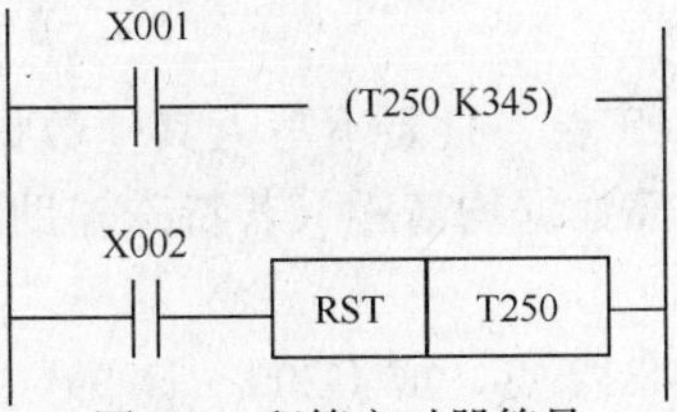

每个定时器只有一个输入，它与常规定时器一样，线圈通电时，开始计时；断电时，自动复位，不保存中间数值。定时器有两个数据寄存器，一个为设定值寄存器，另一个是现时值寄存器。编程时，由用户设定累积值。

图 8-6　积算定时器符号

如果是积算定时器，它的符号接线如图 8-6 所示。

定时器线圈 T250 的驱动输入 X001 接通时，T250 的当前值计数器对 100ms 的时钟脉冲进行累积计数，当该值与设定值 K345 相等时，定时器的输出触点动作。在计数过程中，即使输入 X001 在接通或复电时，计数继续进行，其累积时间为 34.5s（100ms×345＝34.5s）时触点动作。当复位输入 X002 接通，定时器就复位，输出触点也复位。

5. 计数器（C）

FX2N 中的 16 位增计数器，是 16 位二进制加法计数器，它是在计数信号的上升沿进行计数，它有两个输入，一个用于复位，一个用于计数。每一个计数脉冲上升沿使原来的数值减 1，当现时值减到零时停止计数，同时触点闭合。直到复位控制信号的上升沿输入时，触点才断开，设定值又写入，再次进入计数状态。

其设定值在 K1～K32767 范围内有效。

设定值 K0 与 K1 含义相同，即在第一次计数时，其输出触点就动作。

通用计数器的通道号：C0～C99，共 100 点。

保持用计数器的通道号：C100～C199，共 100 点。

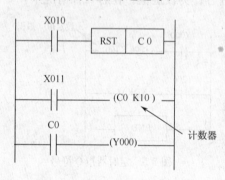

图 8-7　计数指令图例

通用与掉电保持用的计数器点数分配，可由参数设置而随意更改。

举个例子，如图 8-7 所示。

由计数输入 X011 每次驱动 C0 线圈时，计数器的当前值加 1。当第 10 次执行线圈指令时，计数器 C0 的输出触点即动作。之后，即使计数器输入 X011 再动作，计数器的当前值仍保持不变。

当复位输入 X010 接通（ON）时，执行 RST 指令，计数器的当前值为 0，输出接点也复位。

应注意的是，计数器 C100～C199，即使发生停电，当前值与输出触点的动作状态或复位状态也能保持。

6. 数据寄存器

数据寄存器是计算机必不可少的元件，用于存放各种数据。FX2N 中每一个数据寄存器都是 16 位（最高位为正、负符号位），也可用两个数据寄存器合并起来存储 32 位数据（最高位为正、负符号位）。

1）通用数据寄存器 D。通道分配 D0～D199，共 200 点。只要不写入其他数据，已写入的数据不会变化。但是，由 RUN→STOP 时，全部数据均清零（若特殊辅助继电器 M8033 已被驱动，则数据不被清零）。

2）停电保持用寄存器。通道分配 D200～D511，共 312 点，或 D200～D999，共 800 点（由机器的具体型号定）。基本上同通用数据寄存器。除非改写，否则原有数据不会丢失，不论电源接通与否，PLC 运行与否，其内容也不变化。然而在两台 PLC 作点对的通信时，D490～D509 被用作通信操作。

3）文件寄存器。通道分配 D1000～D2999，共 2000 点。文件寄存器是在用户程序存储器（RAM、E^2PROM、EPROM）内的一个存储区，以 500 点为一个单位，最多可在参数设置时达到 2000 点。用外部设备口进行写入操作。在 PLC 运行时，可用 BMOV 指令读到通用数据寄存器中，但是不能用指令将数据写入文件寄存器。用 BMOV 将数据写入 RAM 后，再从 RAM 中读出。将数据写入 E^2PROM 盒时，需要花费一定的时间，请务必注意。

4）RAM 文件寄存器。通道分配 D6000～D7999，共 2000 点。驱动特殊辅助继电器 M8074，由于采用扫描被禁止，上述的数据寄存器可作为文件寄存器处理，用 BMOV 指令传送数据（写入或读出）。

5）特殊用寄存器。通道分配 D8000～D8255，共 256 点。是写入特定目的的数据或已经写入数据寄存器，其内容在电源接通时，写入初始化值（一般先清零，然后由系统 ROM 来写入）。

知识 4　FX2N 系列的基本逻辑指令

基本逻辑指令是 PLC 中最基本的编程语言，掌握了基本逻辑指令也就初步掌握了 PLC 的使用方法。各种型号的 PLC 的基本逻辑指令都大同小异，下面针对 FX2N 系列，逐条学习其指令的功能和使用方法。每条指令及其应用实例都以梯形图和语句表两种编程语言对照说明。

1. 输入和输出指令（LD/LDI/OUT）

下面把 LD/LDI/OUT 三条指令的功能、梯形图表示形式、操作元件以列表的形式加以说明，见表 8-1。

表 8-1　LD/LDI/OUT 指令 2X 能及梯形图表示

符号	功能	梯形图表示	操作元件
LD（取）	常开触点与母线相连	⊢ ⊢	X, Y, M, T, C, S
LDI（取反）	常闭触点与母线相连	⊢ ⊣⊦	X, Y, M, T, C, S
OUT（输出）	线圈驱动	⊢ ( )	Y, M, T, C, S, F

LD 与 LDI 指令用于与母线相连的接点，此外还可用于分支电路的起点。

OUT 指令是线圈的驱动指令，可用于输出继电器、辅助继电器、定时器、计数器、状态寄存器等，但不能用于输入继电器。输出指令用于并行输出，能连续使用多次。LD 指令、OOT 指令应用举例及说明为图 8-8 及表 8-2 所示。

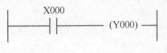

图 8-8 LD、OUT 梯形图应用举例

表 8-2 LD、OUT 指令应用举例

地址	指令	数据
0000	LD	X000
0001	OUT	Y000

2. 触点串联指令（AND/ANI）、并联指令（OR/ORI）

触点串联指令、并联指令说明表 8-3。

表 8-3　触点串联指令、并联指令说明

符号（名称）	功能	梯形图表示	操作元件
AND(与)	常开触点串联连接		X, Y, M, T, C, S
ANI(与非)	常闭触点串联连接		X, Y, M, T, C, S
OR(或)	常开触点并联连接		X, Y, M, T, C, S
ORI（或非）	常闭触点并联连接		X, Y, M, T, C, S

　　AND、ANI 指令用于一个触点的串联，但串联触点的数量不限，这两个指令可连续使用。

　　OR、ORI 是用于一个触点的并联连接指令，如图 8-9 所示。说明见表 8-4。

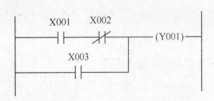

图 8-9　OR、ORI 梯形图使用举例

表 8-4　OR、ORI 指令说明

地址	指令	数据
0002	LD	X001
0003	ANI	X002
0004	OR	X003
0005	OUT	Y001

3. 电路块的并联和串联指令（ORB、ANB）

电路块的并联和串联指令说明见表 8-5。

表 8-5　电路块并联、串联指令说明

符号（名称）	功能	梯形图表示	操作元件
ORB(块或)	电路块并联连接		无
ANB(块与)	电路块串联连接		无

含有两个以上触点串联连接的电路称为"串联连接块"。串联电路块并联连接时，支路的起点以 LD 或 LDNOT 指令开始，而支路的终点要用 ORB 指令。ORB 指令是一种独立指令，其后不带操作元件号，因此，ORB 指令不表示触点，可以看成电路块之间的一段连接线。如需要将多个电路块并联连接，应在每个并联电路块之后使用一个 ORB 指令，用这种方法编程时并联电路块的个数没有限制。也可将所有要并联的电路块依次写出，然后在这些电路块的末尾集中写出 ORB 的指令，但这时 ORB 指令最多使用 7 次。

将分支电路（并联电路块）与前面的电路串联连接时使用 ANB 指令，各并联电路块的起点，使用 LD 或 LDI 指令。与 ORB 指令一样，ANB 指令也不带操作元件，如需要将多个电路块串联连接，应在每个串联电路块之后使用一个 ANB 指令，用这种方法编程时串联电路块的个数没有限制，若集中使用 ANB 指令，最多使用 7 次。

表 8-6　电路块指令表

地址	指令	数据
0000	LD	X000
0001	OR	X001
0002	LD	X002
0003	AND	X003
0004	LDI	X004
0005	AND	X005
0006	OR	X006
0007	ORB	
0008	ANB	
0009	OR	X003
0010	OUT	Y006

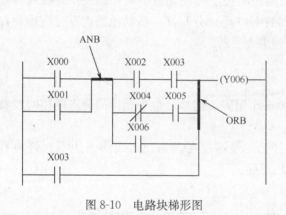

图 8-10　电路块梯形图

4. 程序结束指令（END）

程序结束指令说明见表 8-7。

表 8-7　程序结束指令说明

符号（名称）	功能	梯形图表示	操作元件
END(结束)	程序结束	——[结束]	无

在程序结束处写上 END 指令，PLC 只执行第一步至 END 之间的程序，并立即输出处理。若不写 END 指令，PLC 将以用户存储器的第一步执行到最后一步，因此，使用 END 指令可缩短扫描周期。另外，在调试程序时，可以将 END 指令插在各程序段之后，分段检查各程序段的动作，确认无误后，再依次删去插入的 END 指令。

其他的一些指令，如置位复位、脉冲输出、清除、移位、主控触点、空操作、跳转指令等，读者们可以参考一些课外书，在这里不详细介绍了。

知识 5　梯形图的设计与编程方法

梯形图是各种 PLC 通用的编程语言，尽管各厂家的 PLC 所使用的指令符号等不太一致，但梯形图的设计与编程方法基本上大同小异。

1. 确定各元件的编号，分配 I/O 地址

利用梯形图编程，首先必须确定所使用的编程元件编号，PLC 是按编号来区别操作元件的。本书选用的 FX2N 型号的 PLC，其内部元件的地址编号使用时一定要明确，每个元件在同一时刻决不能担任几个角色。一般讲，配置好的 PLC，其输入点数与控制对象的输入信号数总是相对应的，输出点数与输出的控制回路数也是相对应的（如果有模拟量，则模拟量的路数与实际的也要相对应），故 I/O 的分配实际上是把 PLC 的入、出点号分给实际的 I/O 电路，编程时按点号建立逻辑或控制关系，接线时按点号"对号入坐"进行接线。FX2N 系列的 I/O 地址分配及一些其他的内存分配前面都已介绍过了，读者们也可以参考 FX 系列编程手册。

2. 梯形图的编程规则

1）每个继电器的线圈和它的触点均用同一编号，每个元件的触点使用时没有数量限制。

2）梯形图每一行都是从左边开始，线圈接在最右边（线圈右边不允许再有接触点），图 8-11（a）错，图 8-11（b）正确。

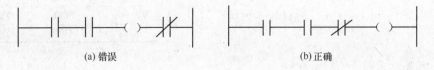

(a) 错误　　　　　　　　　　　　　　　　(b) 正确

图 8-11　梯形图画法

3）线圈不能直接接在左边母线上。

4）在一个程序中，同一编号的线圈如果使用两次，称为双线圈输出，它很容易引起误操作，应尽量避免。

5）在梯形图中没有真实的电流流动，为了便于分析 PLC 的周期扫描原理和逻辑上的因果关系，假定在梯形图中有"电流"流动，这个"电流"只能在梯形图中单方向流动——即从左向右流动，层次的改变只能从上向下。

图 8-12 所示是一个错误的桥式电路梯形图。

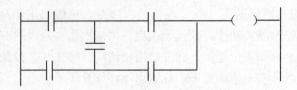

图 8-12　错误的桥式电路梯形图

3. 编程实例

首先介绍一个常用的点动计时器，其功能为每次输入 X000 时接通，Y000 输出一个脉宽为定长的脉冲，脉宽由定时器 T000 设定。它的时序图如图 8-13 所示。

根据时序图就可画出相应的梯形图，如图 8-14 所示。

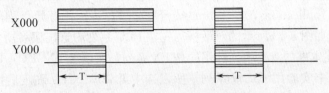

图 8-13　点动计时器时序图

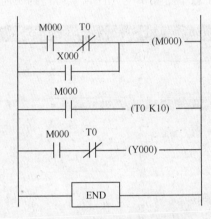

图 8-14　点动计时器梯形图

任务三　GPP 软件简介

- 掌握 GPP 软件的具体应用。
- 掌握编程的基本原则。

 任务教学方式

教学步骤	时间安排	教学方式
阅读教材	课余	自学、查资料、相互讨论
知识讲解	6 课时	重点讲授 GPP 软件的具体应用
操作技能	10 课时	对传统继电器控制电路用 PLC 进行改造，采取学生训练和教师指导相结合

知识1　用 GPP 编写梯形图

GPP 软件使用起来灵活、简单、方便，把它安装在程序中，使用时只要进入程序，选中 MELSEC Applications，在 Windows 下运行的 GPP，打开工程软件，选中"新建"命令，出现如图 8-15 所示的对话框。先在 PLC 系列中选出读者所使用的程控器的 CPU 系列，如在本书的实验中，选用的是 FX 系列，所以选 FXCPU，PLC 类型是指选机器的型号，本书实验用 FX2N 系列，所以选中 FX2N（C），确定后出现如图 8-16 所示的对话框，在该对话框中可以清楚地看到，最左边是根母线，蓝色框表示现在可写入区域，上方有菜单，只要任意单击其中的元件，就可得到所需要的线圈、触点等。

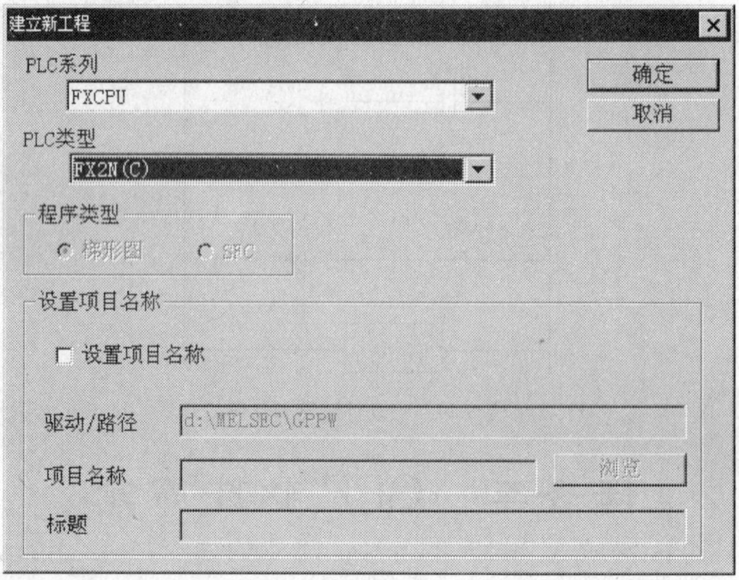

图 8-15　"建立新工程"对话框

如读者要在某处输入 X000，只要把蓝色光标移动到所需要输入的地方，然后在菜单上选中 ┤├ 触点，出现如图 8-17 所示界面。

再输入 X000，即可完成写入 X000。

如要输入一个定时器，先选中线圈，再输入一些数据，数据的输入标准在前面中已提过，图 8-18 显示了其操作过程。

对于计数器，因为它有时要用到两个输入端，所以在操作上既要输入线圈部分，又要输入复位部分，其操作过程如图 8-19 和图 8-20 所示。

注意：在图 8-19 中的箭头所示部分，选中的是应用指令，而不是线圈。

计数器的使用方法及计数范围在前面已讲过，读者们可自己查阅。图 8-21 所示是一个简单的计数器显示形式。

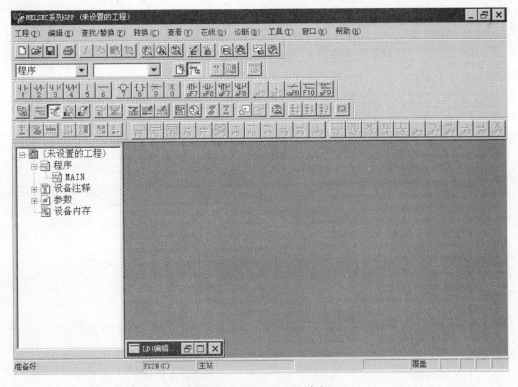

图 8-16 "新工程"设计窗口

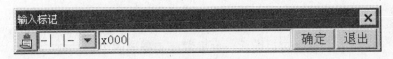

图 8-17 输入 X000

图 8-18 输入定时器

图 8-19 输入复位部分

图 8-20 输入线图

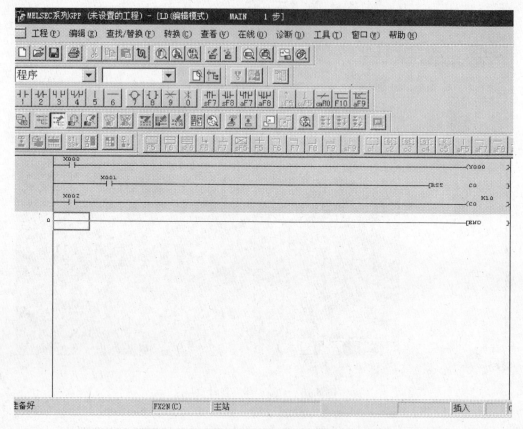

图 8-21　一个简单的计数器

通过上面的举例，读者可以明白，如果需要画梯形图中的其他一些线、输出触点、定时器、计时器、辅助继电器等，在菜单上都能方便地找到，再输入元件编号即可。在图 8-20 的上方还有其他的一些功能菜单，如果把光标指向菜单上的某处，在屏幕的左下角就会显示其功能，或者打开"帮助"菜单，可找到一些快捷键列表、特殊继电器/寄存器等信息，读者们可自己边学习边练习。

知识 2　传输与调试

当写完梯形图，再最后写上 END 语句后，必须进行程序转换，转换功能有两种实现方式，如图 8-22 的所示箭头所在位置。

在程序的转换过程中，如果程序有错，会显示出来，也可通过菜单"工具"，查询程序的正确性。

只有当梯形图转换完毕后，才能进行程序的传送。传送前，必须将 FX2N 面板上的开关拨向 STOP 状态，再打开"在线"菜单，进行传送设置，如图 8-23 所示对话框。

根据图示，必须确定读者的 PLC 与计算机的连接是通过 COM1 口还是 COM2 口连接，在实验中已统一将 RS-232 线连在了计算机的 COM1 口，在操作上只要进行设置选

图 8-22　两种功能两种实现方式

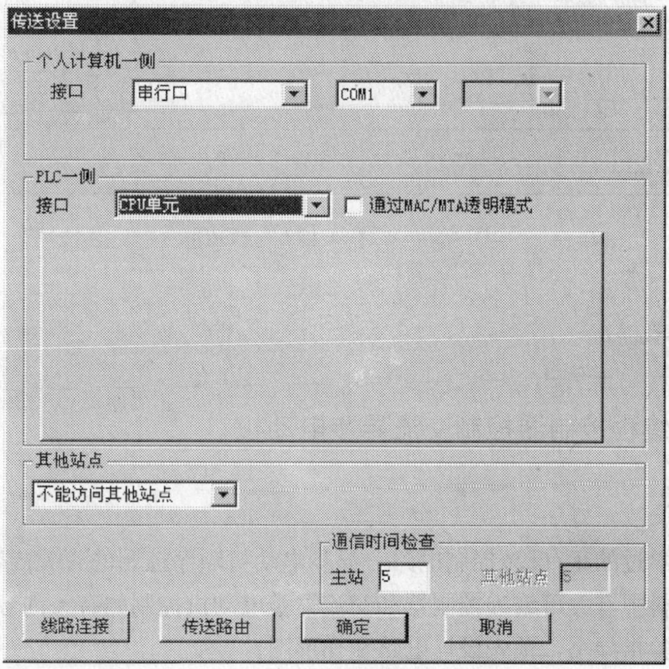

图 8-23　"传送设置"对话框

择即可。

　　写完梯形图后，选择"在线"菜单，选中"写入 PLC（W）"命令，就出现如图 8-24所示对话框。

　　从图 8-24 可看出，在执行读取及写入操作前必须先选中 MAIN 和 PLC 参数，否则，不能执行对程序的读取、写入。最后单击"开始执行"按钮即可。

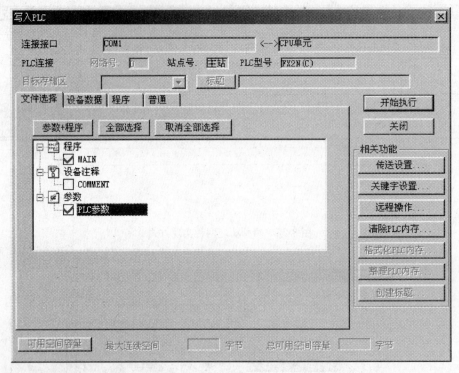

图 8-24 "写入 PLC" 对话框

 做一做

实训 1 用可编程控制器控制交流异步电动机

1. 预习要求

1）复习已学过的正/反转控制电路、异步电动机顺序控制的有关内容。

2）阅读材料中有关可编程控制器和交流异步电动机控制的有关内容。

3）阅读实验指导书，预先设计电路和梯形图。

4）熟悉 GPP 软件及其应用。

2. 实训目的

1）学习自己设计梯形图。

2）熟练应用 GPP 软件进行编程，并在 ON LINE 状态下运行负载。

3）学习用可编程控制器控制交流异步电动机正反转，并对电动机正反转进行接线。

3. 实训所需器材

1）个人计算机 PC。

2）PLC 程控器实验装置。

3）RS-232 数据通信线。

4）继电控制装置实验板。

5）异步电动机一台。

6）导线若干。

4．实训内容说明

吊车或某些生产机械的提升机构需要作左右和上下两个方向的运动，拖动它们的电动机必须能作正/反两个方向的旋转。由异步电动机的工作原理可知，要使电动机反向旋转，需对调三根电源线中的两根以改变定子电流的相序。因此实现电动机的正/反转需要两个接触器。电动机正/反转的继电器控制电路实验图如图 8-25 所示。

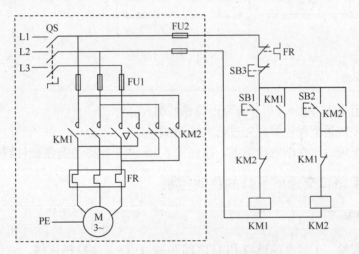

图 8-25　电机正/反转的继电器控制电路

若正转接触器 KM1 主触点闭合，电动机正转，若 KM1 主触点断开而反转接触器 KM2 主触点闭合，电动机接通电源的三根线中有两根对调，因而反向旋转。不难看出，若正/反转接触器主触点同时闭合，将造成电源两相短路。

用可编程控制器控制电动机的正/反转时控制电路中的接触器触点逻辑关系可用编程实现，从而使电路接线大为简化。用可编程控制器实现电动机正/反转的接线图，主电路不变，控制电路如图 8-26 所示。

异步电动机正/反转控制输入/输出地址定义表见表 8-8。

表 8-8　输入/输出地址定义

输入口地址	定义	输出口地址	定义
X000	正转起动按钮（常开）	Y000	正转接触器线圈
X001	反转起动按钮（常开）	Y001	反转接触器线圈
X002	停止按钮（常开）	Y005	正转运行指示灯（绿色）
X003	热继电器（常闭）	Y006	反转运行指示灯（黄色）
		Y007	停止运行指示灯（红色）

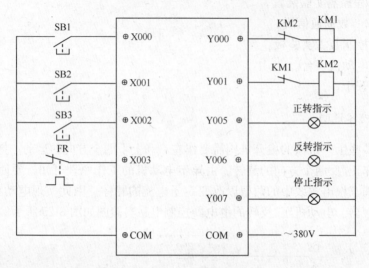

图 8-26 I/O 分配图

5. 实训步骤

1) 根据定义表，在 GPP 下编写正确梯形图。
2) 将程序传送至程控器，先进行离线调试。
3) 程序正确后，在断电状态下，按照图 8-25 和图 8-26 进行正确接线。

实训 2 十字路口交通信号灯的自动控制

1. 实训目的

1) 通过实验，了解上位机与 PLC 之间是通过 RS-232 口相连的，它们之间的数据通信是网络通信中最基本的一对一的通信。
2) 进一步熟悉 PLC 的一些指令、时序图，如定时、计数指令。
3) 进一步了解软件 GPP，并熟练应用。

2. 实训器件

1) 个人计算机 PC。
2) PLC 程控器实验装置。
3) RS-232 数据通信线。
4) 十字路口交通信号灯自动控制实验板。
5) 导线若干。

3. 实训内容

模拟十字路口交通灯的信号，控制车辆有秩序地在东西向、南北向正常通行，本实验的要求是，红灯亮 20s，绿灯亮 15s，黄灯亮 5s，完成一个循环周期为 40s，它的时序如图 8-27 所示。

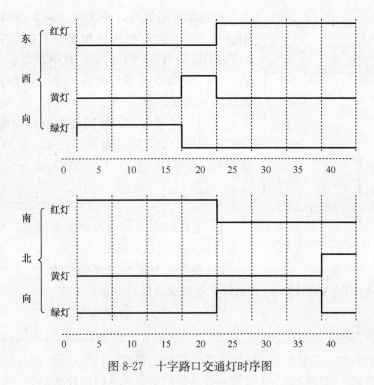

图 8-27　十字路口交通灯时序图

输入地址：　启动　　　X000
　　　　　　复位　　　X001

输出地址：｛东　红灯 Y000
　　　　　　西　黄灯 Y002
　　　　　　向　绿灯 Y003
　　　　　　南　红灯 Y004
　　　　　　北　黄灯 Y005
　　　　　　向　绿灯 Y006

交通灯的面板示意图如图 8-28 所示。

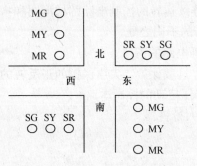

图 8-28　交通灯的面板示意图

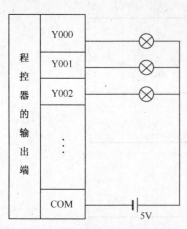

图 8-29 灯与程序之间的接线图

该模拟交通信号灯分为南北和东西两个方向，分别由绿、黄、红三种颜色组成，其标号分别为 MG、MY、MR 和 SG、SY、SR，其中，交通灯选用 5V 直流电，COM 端为交通灯的公共端。而灯与程控器之间的接线如图 8-29 所示。

从图 8-29 可看出，程控器的公共端接 5V 电源的负极，而灯的公共端接电源的正端，灯的另一端接到程控器的输出端，如 Y000，Y001 等。

4. 实训步骤

1）根据时序图及输入和输出地址，应用 GPP 软件在计算机上编制梯形图。

2）根据面板图 8-29 正确接线。

3）将梯形图传输至 PLC，并运行，观察交通灯是否正常工作。

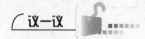

试着用不同的方法编写十字路口交通信号灯的程序。

如顺序控制、循环控制、步进控制等，展示出各种不同的效果。

拓展

1. 不同品种的可编程控制器有哪些共同之处？
2. PLC 的发展新动向。

思考与练习

1. PLC 是由哪几部分组成的？各部分有哪些主要作用？
2. 简述 PLC 的工作原理。
3. 编写既能点动又能连续运转的控制电路的梯形图和指令
4. 简述 ROM 和 RAM 的不同之处。
5. 用定时器编写一闪烁电路的指令。
6. 编写具有短路保护、过载保护、失压保护的正反转的指令。
7. 用 PLC 改造 Y-△降压启动的控制电路。
8. 用 PLC 编写一台 5 人抢答器。

参 考 文 献

劳动部培训司组织编写. 2000. 电力拖动控制电路（第二版）. 北京：中国劳动出版社

劳动和社会保障部教材办公室组织编写. 2006. 电力拖动控制电路与技能训练（第三版）. 北京：中国劳动社会保障出版社

劳动和社会保障部教材办公室组织编写. 2006. 维修电工工艺学（第二版）. 北京：中国劳动社会保障出版社

李发海，王岩. 2004. 电机与拖动基础. 北京：中央广播电视大学出版社

刘志平. 2004. 电工技术基础（第二版）. 北京：高等教育出版社

孙政顺，曹京生. 2006. PLC技术. 北京：高等教育出版社